职业教育 BIM 应用技术系列教材

广联达 BIM
安装算量软件应用教程

（微课视频版）

主　编　欧阳焜

参　编　冯梦　吴艳　高适
　　　　陈鑫　晁亚茹

机械工业出版社

随着信息技术的高速发展，BIM（Building Information Modeling，建筑信息模型）技术正在引发建筑行业史无前例的变革，而工程造价作为承接BIM设计模型向施工管理输出模型的中间关键阶段，起着至关重要的作用。BIM技术的应用颠覆了以往传统的造价模式，造价岗位也将面临新的洗礼，造价人员必须逐渐转型，接受BIM技术，掌握新的BIM造价方法和能力。为培养BIM造价人才，本书以广联达BIM安装算量软件GQI2018/2019/2021为基础，通过实际工程案例的引入，详细介绍了BIM在造价上的应用。

本书为校企"双元"合作编写教材，既可作为BIM算量和造价爱好者自学资料，也可作为高等院校工程造价专业的教材，还可作为BIM造价实训教材。

为便于教学，本书配套有PPT电子课件、CAD图纸和二维码教学视频。凡使用本书作为教材的教师，均可登录www.cmpedu.com注册下载，或加入BIM算量交流QQ群434520347获取；CAD图纸也可通过扫描下方二维码获取。如有疑问，请拨打编辑电话010-88379373。

本书配套图纸

图书在版编目（CIP）数据

广联达BIM安装算量软件应用教程：微课视频版 / 欧阳焜主编. —2版. —北京：机械工业出版社，2021.2（2023.1重印）

职业教育BIM应用技术系列教材

ISBN 978-7-111-67190-9

Ⅰ.①广… Ⅱ.①欧… Ⅲ.①建筑安装 – 工程造价 – 应用软件 – 职业教育 – 教材 Ⅳ.①TU723.3-39

中国版本图书馆CIP数据核字（2020）第267586号

机械工业出版社（北京市百万庄大街22号 邮政编码100037）
策划编辑：陈紫青 责任编辑：陈紫青
责任校对：王 欣 封面设计：马精明
责任印制：孙 炜
北京联兴盛业印刷股份有限公司印刷
2023年1月第2版第3次印刷
184mm×260mm·12印张·292千字
标准书号：ISBN 978-7-111-67190-9
定价：59.00元

电话服务 网络服务
客服电话：010-88361066 机 工 官 网：www.cmpbook.com
　　　　　010-88379833 机 工 官 博：weibo.com/cmp1952
　　　　　010-68326294 金 书 网：www.golden-book.com
封底无防伪标均为盗版 机工教育服务网：www.cmpedu.com

前 言

　　使用 BIM 技术进行项目管理、工程量计算，已在越来越多的项目中发挥了重要作用，受到了广大工程项目管理人员，尤其是造价从业人员的青睐。距离《广联达 BIM 安装算量软件应用教程》（ISBN：978-7-111-52641-4）的问世已经过去 4 年，这期间，我的心情从刚开始的茫然忐忑，逐渐转变为一次又一次加印带来的欣慰。在此，我代表编写团队向广大读者表示感谢，正是你们的支持，给予了我们继续前进的动力。

　　随着版本的更新，广联达 GQI 系列软件在功能优化和操作细节上都有了一定的提升，因此，我们整理和归纳了这几年的读者反馈意见，并以 GQI2018/2019/2021 为基础来编写本书。

　　本书配套了大量的二维码视频，用以补充说明书中的图文内容，一定程度上压缩了本书的篇幅，旨在降低购书成本，减轻读者的负担。但在这个"文化快餐"的时代，我也由衷地希望各位读者，切莫只将注意力放在视频上，而忽略了本书更精炼、更重要的图文内容，在成书的过程中，编者已将多年应用积累的心得用图文进行了整理，还请读者耐心阅读。

　　本书采纳了读者的一些主要反馈意见，增加了操作提示，同时也对操作的步骤与顺序进行了更合理的优化与调整。此外，为方便查阅对应功能操作，本书还新增了功能索引目录。相信这些改进，无论对于自学者了解掌握知识，还是作为工具书快速查询，都将起到积极的推动作用。

　　本书常被定位为"初学者用书"，对此，编者不敢苟同。或许是编者深入浅出的讲解给读者们造成了"入门教程"这样的错觉；然而事实上，本书内容已涉及了 GQI 系列软件操作过程中的绝大部分应用和最核心的建模原理。因此，要想体会到书中的精髓，请认真、仔细地读一读文字部分。当然，在学习的过程中，也需要读者勤于思考，例如，常常有读者问我：如何处理地下室的安装工程建模？如何处理超高层建筑的强电、给排水工程？如何进行视频监控工程建模？事实上，真正掌握了 GQI 软件的建模原理后，这些都不应该成为问题。

　　本书为校企"双元"合作教材，由欧阳焜担任主编，冯梦、吴艳、高适、陈鑫和晁亚茹也参与了本书的编写工作。

在本书编写过程中，家人和朋友是编者最有力的后盾。在此，我也代表本书的编写团队向各位家人致谢。

孔子曰：三人行，必有我师。编者向来都将读者的意见作为最好的参考，本书编写团队也将与出版社合作，在 BIM 算量交流 QQ 群（434520347）中为读者提供服务，多多听取读者的意见，以便及时发现自己的不足。

限于编者水平，书中难免出现错误和不妥之处，敬请读者谅解，也请各位读者不吝笔墨给予意见。

欧阳焜

2020 年 9 月

二维码视频索引

（续）

功能索引

（续）

（续）

目 录

第一章 软件使用注意事项

1.1 软件安装和打开的注意事项

通过广联达官网或广联达 G+ 工作台等方式，均可下载 GQI2018、GQI2019 或 GQI2021 安装程序。软件的安装十分简单，直接双击程序图标，即可进入程序安装操作，根据提示和自定义需求，选择安装的细节内容和存放位置即可。需要注意的是，要使软件正常打开使用，还需要安装算量软件对应版本要求的广联达加密锁驱动程序（图 1-1），该程序同样可以通过广联达官网或广联达 G+ 工作台等方式获取。

未使用加密锁的用户，其界面将弹出提醒框，如图 1-2 所示。

图 1-1　广联达加密锁驱动程序

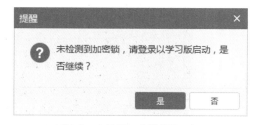

图 1-2　未使用加密锁的提醒框

未使用广联达官方加密锁的用户，需要在联网状态下，登录广联达官网注册账号方可使用。

网络账号的使用，能够实现软件自定义功能的跨电脑的无缝对接，方便不同场所的工作需求。

为保证本书的使用效果，这里推荐使用广联达官方加密锁。

1.2 软件的主操作界面

广联达 BIM 安装计量 GQI2018/2019/2021 使用的操作界面是 Ribbon 界面，如图 1-3 所示。了解软件界面的特点对于软件的使用和本书的阅读十分重要。

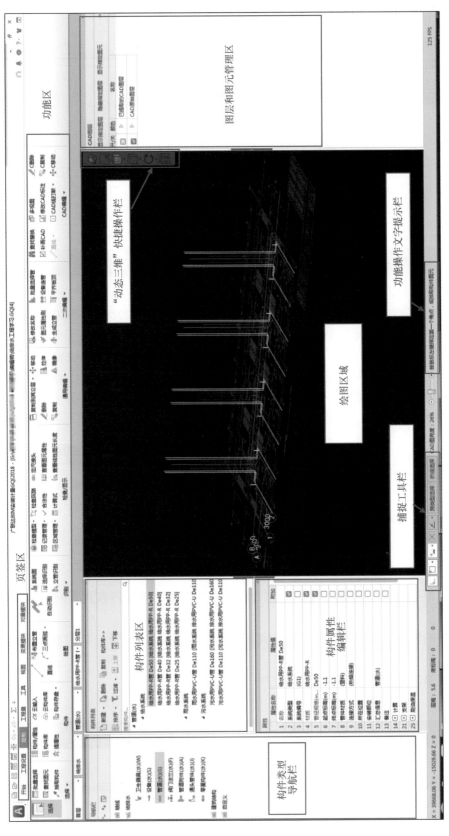

图 1-3 广联达 BIM 安装算量软件操作界面

1.3　Ribbon 界面的特点——展开和折叠按钮

采用 Ribbon 界面布置的软件，往往都会把若干个操作命令收拢在一个图标按钮中，这样可以最大程度利用软件界面，方便设置足够多的操作功能，广联达 BIM 安装算量软件也采用了这样的方式。软件中，这些按钮主要通过以下四种形式出现，如图 1-4 所示。

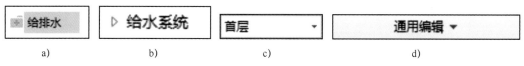

图 1-4　软件中各种形式的展开和折叠按钮

图 1-4a 为构件类型导航栏中的给排水类型构件的图标按钮，图 1-4b 为构件列表区中的"给水系统"菜单项，图 1-4c 为楼层状态切换栏，图 1-4d 为在构件建模绘制时功能区的"通用编辑"功能界面。它们都将一些命令或功能操作键收拢起来，需要通过单击相应的按钮，才能展开并显示出来。

单击图 1-4a 中的 图标按钮，使其变为 ，并显示出"给排水"其它类型构件，以提供用户更多的选择，如图 1-5 所示。

单击图 1-4b 中的 图标按钮，使其变为 ，且"给水系统"菜单界面展开下方已被创建出的构件，这样，用户就可以根据具体的需要，单击选择对应的构件，进行后续的其它操作，如图 1-6 所示。

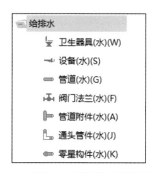

图 1-5　"给排水"类型构件展开效果

图 1-6　"给水系统"构件列表展开效果

单击图 1-4c 中的 图标按钮，楼层显示更多的信息。由于该按钮直接出现在文字显示栏中，并且单击后又能提供更多内容的选项，因此，该按钮又被称为下拉框选项按钮，如图 1-7 所示。

单击图 1-4d 中的 图标按钮，图标不变，并在下方展开功能按钮，显示更多的"通用编辑"操作功能，如图 1-8 所示。

图 1-7　单击下拉框选项按钮的显示效果

图 1-8　"通用编辑"功能展开效果

3

Ribbon 界面的排布特点，使得初学者在寻找需要的功能操作按钮时会耗费一定的时间。了解到这样的排布特点，将有助于本书后续章节的学习。

1.4　构件与功能区的对照关系

在图 1-3 中，左侧的构件类型导航栏与上部功能区中的功能按钮栏，是有相互对应关系的。在构件类型导航栏中单击不同的构件类型，功能区中的功能按钮栏也不尽相同。

单击构件类型导航栏中的 $\boxed{\text{卫生器具(水)(W)}}$ 图标按钮，如图 1-9 所示，功能区的功能按钮栏出现了变化，如图 1-10 所示。

接着，单击构件类型导航栏中的 $\boxed{\text{管道(水)(G)}}$ 图标按钮，如图 1-11 所示，功能区的功能按钮栏又发生了改变，如图 1-12 所示。

因此，进行特定的功能操作之前，务必先选定正确的构件类型，这样才能保证在功能区中出现需要的功能按钮。

图 1-9　单击构件类型"卫生器具"

图 1-10　单击构件类型"卫生器具"时功能区的功能按钮栏的情况

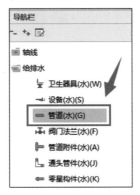

图 1-11　单击构件类型"管道"

Ribbon 界面特性

图 1-12　单击构件类型"管道"时功能区的功能按钮栏的情况

1.5　软件整体操作流程

安装工程的专业繁多，图纸的设计特点差异较大，但利用广联达 BIM 安装算量软件进行模型创建的流程却大致相同，如图 1-13 所示。

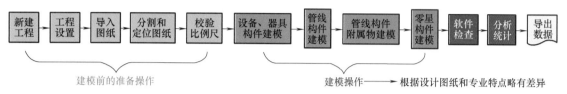

图 1-13　广联达 BIM 安装算量软件的操作流程图

按照这个操作流程灵活地运用软件，将会给建模带来很大的便利，特别是对初学者而言。本书结合实例工程的讲解，也将严格按照该流程图进行。

1.6　其它注意事项和操作约定

当软件处于如图 1-3 所示的主界面，且不单击任何功能按钮或退出某些功能操作时，软件处于"选择"启用状态，如图 1-14 所示。

图 1-14　"选择"功能处于启用状态

了解这一特性，将有助于本书的学习和对软件的快速掌握。

第二章 给排水工程建模

2.1 给排水工程的算量特点

安装工程工程量的计算重点和难点在于管线,而给排水工程由于用水点多且分散,往往具备下列特点:支管繁多,管径规格变化频率高;管路布置常常会以标准间的形式批量出现;阀门及其它管道附件规格繁多。

针对给排水工程的特点,主要需要计算出下列内容:卫生器具,管道,水表、管道阀门、水泵等,管件及管道支架,其它零星构件,如套管、防火圈等。

2.2 实例图纸情况分析

本章采用的实例是一栋建筑面积为 1890.24m^2,建筑体积为 7056.90m^3 的 3 层大楼,其楼层信息见表 2-1。

表 2-1 给排水工程楼层信息情况表

楼 层 序 号	层高 /m	室内地面标高 /m
首层	5.6	0
第 2 层	2.8	2.8
第 3 层	2.8	8.4

该实例的图纸包括设计说明及材料表,一、二、三层给排水平面图以及卫生间给排水详图、给排水系统图,设计范围包括室内给水、排水和雨水系统。给水管道采用 PPR 材质的管道,热熔连接安装;排水管道为 PVC-U 管,胶粘连接安装;管道穿楼板或穿墙时,还需要额外设置钢套管。此外,首层一共设置 16 个小型卫生间,第 2 层没有设置卫生间,第 3 层一共设置 16 个小型卫生间。

2.3　建模前的五项基本操作

在算量前，需要先进行新建工程、工程设置、导入图纸、分割定位图纸以及校验比例尺五项操作，如图 2-1 所示。

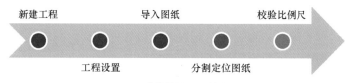

图 2-1　建模前的五项基本操作

2.3.1　新建工程

新建工程的基本操作步骤如下。

操作 1：打开软件，经过一段时间的加载，弹出"快速新建与打开"界面。单击 ██ 新建 图标按钮（图 2-2），启动"新建工程"对话框，如图 2-3 所示。

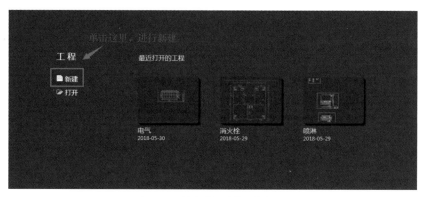

图 2-2　单击"新建"图标按钮

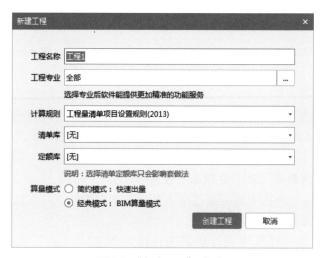

图 2-3　"新建工程"对话框

　　操作 2：在弹出的"新建工程"对话框中（图 2-3），需要根据工程实际情况和工程特点，对"工程名称""工程专业""计算规则""清单库""定额库"以及"算量模式"这些设置项分别进行对应的设置。这里除"工程名称"可以随意设置外，其它内容均需要参照工程实际情况，在软件提供的选项中，进行有限范围内的选择。

　　为避免混淆，本书将对话框中的"工程名称"均自定义为对应的专业名称，如根据本章学习的工程，将名称定义为"给排水工程学习"，读者也可按自己的习惯进行自定义。

1. 工程专业

　　设置项"工程专业"默认为"全部"，为了简化显示界面，提供更简单、更精准的功能选项界面，一般需要根据工程情况进行对应的设置，操作步骤如下。

　　操作：单击"工程专业"选项旁展开按钮 □（图 2-4），在展开的界面中，勾选"给排水"左侧的选项框（图 2-5），完成设置。

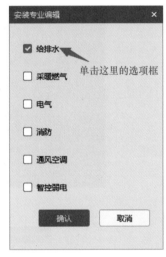

图 2-4　单击"工程专业"选项旁展开按钮　　　　图 2-5　勾选"给排水"选项框

2. "计算规则""清单库"及"定额库"设置

　　如图 2-6 所示，这三个选项均可通过单击各自选项右侧的下拉框按钮 ▾，在展开的选项中，进行对应的选择设置。

　　需要说明的是，除"计算规则"必须进行设置外，"清单库"及"定额库"都不是必设项，这两个选项只对算量结束后套做法的操作有影响，而且也可以在后面的操作中随时添加。为避免繁琐，这里对"清单库"和"定额库"不作额外的操作说明，具体操作步骤如下。

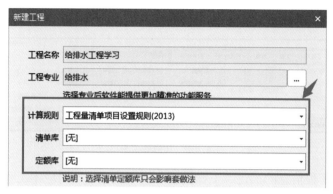

图2-6 "新建工程"中的"计算规则""清单库""定额库"

操作："计算规则"选项默认为当前最新的设置选项"工程量清单项目设置（2013）"，这里可不作修改；如读者遇到一些历史项目，可以直接单击"计算规则"选项右侧的下拉框按钮，在展开的选项中单击对应的选项进行设置。

3. 算量模式

自GQI2018起，软件开发出了两种算量模式，即"简约模式：快速出量"和"经典模式：BIM算量模式"。其中，"简约模式"为新版本的安装算量软件的独有模式，该模式的特点和注意事项，本书将在后面的章节进行详细说明。为保证BIM模型的完整性，建议读者重点学习"经典模式"，操作步骤如下。

操作：单击勾选"经典模式：BIM算量模式"左侧○，如图2-7所示。

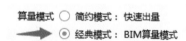

在确认选项设置无误后，单击 创建工程 图标按钮，即可完成软件新建工程的全部操作，如图2-8所示。

图2-7 选中"经典模式"

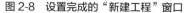

图2-8 设置完成的"新建工程"窗口

新建工程

2.3.2 工程设置——楼层设置

经过一段时间的数据初始化处理后，进入软件操作界面，其功能选项默认进入到"工程设置"选项卡。此时可以通过单击对应名称的选项卡进入到对应的功能操作中，如图 2-9 所示。

图 2-9　功能选项卡

工程设置涉及工程信息的描述、工程模型的楼层设置以及对应本工程特点的计算和个性化调整。安装工程中，几乎所有的工程模型都需要涉及楼层设置，本节主要针对楼层设置进行说明介绍，而工程设置的其它内容，将在以后的章节中，针对实例工程进行具体讲解。楼层设置的具体操作步骤如下。

操作 1：单击"楼层设置"图标按钮（图 2-10），弹出"楼层设置"对话框。

图 2-10　单击"楼层设置"图标按钮

操作 2：在"楼层设置"对话框中，通过双击 插入楼层 图标按钮，可以完成楼层层数的添加，如图 2-11 所示。

首层	编码	楼层名称	层高(m)	底标高(m)	相同层数	板厚(mm)	建筑面积(m2)
☐	3	第3层	3	6	1	120	
☐	2	第2层	3	3	1	120	
☑	1	首层	3	0	1	120	
☐	0	基础层	3	-3	1	500	

图 2-11　楼层层数的添加

操作 3：根据表 2-1 的内容，单击"楼层设置"对话框中对应的单元格，手动修改"层高"和"底标高"，完成对应信息的设置（图 2-12）。需要注意的是，除首层的"底标高"可以直接修改外，其它楼层的"底标高"只能通过修改相邻楼层的"层高"来实现。

首层	编码	楼层名称	层高(m)	底标高(m)	相同层数	板厚(mm)	建筑面积(m2)
☐	3	第3层	2.8	8.4	1	120	
☐	2	第2层	2.8	5.6	1	120	
☑	1	首层	5.6	0	1	120	
☐	0	基础层	3	-3	1	500	

图 2-12　完成设置的"楼层设置"对话框

工程设置——楼层设置

　　操作4：单击"楼层设置"对话框右上方的"×"，关闭对话框，完成设置。

内容拓展

　　除上述操作外，在"楼层设置"对话框中，读者还需注意其它操作。

　　1）光标单击的楼层位置不同，使用"插入楼层"产生的效果会有一定的差异。当光标先单击首层及以上楼层的单元格，再进行楼层的插入时，软件将按现有楼层顺序向上添加楼层，如图2-12所示；光标若单击首层以下的单元格（这里不包括首层），再进行楼层的添加，则软件将在地下添加楼层，如图2-13所示。

　　2）"首层"和"基础层"无法删除。多余或错误的楼层，都可以通过单击 删除楼层 图标按钮进行删除，但"首层"和"基础层"无法删除。当选中这两个楼层时，删除楼层 图标按钮显示为灰显，即无法使用。

　　3）读者可以通过单击"楼层设置"对话框中"首层"这列，调整勾选的位置，进而来调整首层出现的位置，如图2-13所示。

首层	编码	楼层名称	层高(m)	底标高(m)
☐	3	第3层	2.8	11.2
☐	2	第2层	5.6	5.6
☑	1	首层	5.6	0
☐	-1	第-1层	3	-3
☐	-2	第-2层	3	-6
☐	0	基础层	3	-9

图2-13　添加地下的楼层

2.3.3　导入图纸

　　导入图纸的具体操作如下。

　　操作1：单击"图纸管理"图标按钮（图2-14），软件界面右侧出现"图纸管理"操作界面，如图2-15所示。

图2-14　单击"图纸管理"图标按钮

图2-15　"图纸管理"操作界面

　　操作2：单击 打开 图标按钮，在弹出的"批量添加CAD图纸文件"对话框中，通过调整文件存放位置，双击或单击文件再单击下方 打开 图标按钮打开图纸"给排水工程实例图纸"（图2-16），经过简单的加载处理，这样，图纸就被加载进来了，"图纸管理"界面会增加对应的内容，如图2-17所示。

图 2-16　添加图纸

图 2-17　"图纸管理"界面变化

2.3.4　分割和定位图纸

GQI 建模算量的顺序是逐层进行的，因此需要构建上下楼层之间的联系。由于安装工程中大多数构件的位置与轴网并没有严格的关系，重新绘制轴网进行上下层联系没有实际意义，且比较耗时间，因此，在 GQI 中，主要以图纸中轴线与轴线的交点作为上下联系的点，即软件所需要确定的定位点。

1. 点选定位点

点选定位点的具体操作如下。

操作 1：单击"图纸管理"界面 [定位] 图标按钮（图 2-18），激活该命令。同时，下方文字提示栏发生变化，如图 2-19 所示。

图 2-18　单击"定位"图标按钮

鼠标左键绘图区点选定位点，同一个分割图框内只可以设置一个定位点，右键或ESC退出命令

图 2-19　单击"定位"后的文字提示栏

根据上述文字提示可进行定位点的选取，本实例工程选择图纸的轴线Ⓐ和轴线①的交点作为定位点。

操作 2：单击开关状态栏上的 ⊠（交点捕捉）图标按钮，如图 2-20 所示，启用该功能，依次单击"一层给排水平面图"上的轴线Ⓐ和轴线①，这样，两条轴线的交点位置会出现一个红色的"×"，该点即为所需的定位点。

图 2-20　单击"交点捕捉"图标按钮

操作 3：按照操作 1 和操作 2 的方法，在余下的两张平面图中点选对应的定位点。这样，所有的平面图中都已确定定位点。

2. 分割图纸

接着，按楼层分割图纸，以方便逐层进行建模操作，具体操作如下。

操作 1：单击"图纸管理"界面的 手动分割 图标按钮（图 2-21），激活该命令。同时，下方文字提示栏发生变化，如图 2-22 所示。

图 2-21　单击"手动分割"图标按钮　　　　图 2-22　单击"手动分割"后的文字提示栏

操作 2：根据文字提示，鼠标拉框选中"一层给排水平面图"CAD 图纸，单击鼠标右键，弹出"请输入图纸名称"对话框，如图 2-23 所示。

操作 3：在"请输入或识别图纸名称"栏手动输入名称，或单击 识别图名 提取图纸中对应的文字，并将"楼层选择"选项设为"首层"（图 2-24），单击 确定 图标按钮，完成首层给排水平面图的分割。

图 2-23　"请输入图纸名称"对话框

图 2-24　分割首层给排水平面图

这时，完成分割的首层给排水平面图的 CAD 图线外框会显示为黄色，"图纸管理"界面"模型"下方会新增"一层给排水平面图"行，如图 2-25 所示。

图 2-25　"图纸管理"界面变化

操作 4：按照操作 1 至操作 3 的方法，完成"二层给排水平面图"和"三层给排水平面图"的分割，如图 2-26 所示。

	图纸名称	比例	楼层	楼层编号
1	□ 给排水工程实例图纸.dwg			
2	□ 模型	1:1	首层	
3	一层给排水平面图	1:1	首层	1.1
4	二层给排水平面图	1:1	第2层	2.1
5	三层给排水平面图	1:1	第3层	3.1

图 2-26 完成图纸分割后的"图纸管理"界面

内容拓展

在掌握分割定位的基本操作后，还有一些注意事项也需要读者了解。

1）自 GQI2018 版本起，软件将确定定位点和分割图纸两个功能完全分割开，因此在确定定位点时，可在一张平面图中点选出多处定位点，如图 2-27 所示。但根据"同一个分割图框内只可以设置一个定位点"的文字提示，若存在多个定位点，在后续完成图纸分割操作后，分割出的图纸的定位点往往会出错。操作时一定注意，避免鼠标误操作，点选到图纸中错误的位置，形成多余的定位点。若已经形成了多余的定位点，可以单击图纸管理界面 [□ 定位 ▾] 图标按钮中的▼展开按钮，在展开的选项中，单击 [↑ 删除定位] 图标按钮，激活该功能，删除多余的定位点，如图 2-28 所示。

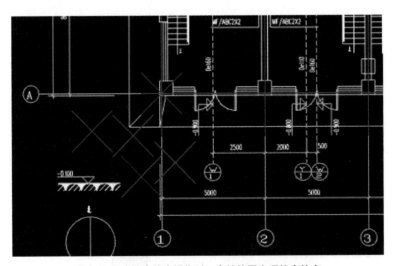

图 2-27 点选定位点操作时，多处位置出现的定位点

图 2-28 删除多余定位点

2）图纸分割定位完毕后，若发现分割图纸有误，或定位点出错，可在"图纸管理"界面中先单击对应楼层平面图的单元格，再单击 删除定位 图标按钮，删除错误的已分割图纸，接着双击第一行"给排水工程实例图纸.dwg"，回到之前进行图纸分割定位的状态，根据需要再调整图纸的重新分割定位。这项操作对于其它已完成的分割定位图纸并不受影响，如图2-29所示。

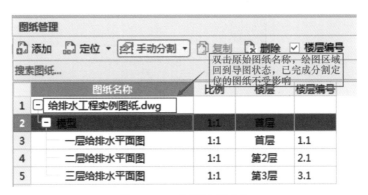

图2-29　双击原始图纸名称

3）自GQI2018以后的版本新增"自动分割"功能（图2-30），但能满足直接进行"自动分割"要求的图纸限制条件较多，很多情况无法使用或是效果不理想，本书推荐读者使用"手动分割"完成图纸的分割。

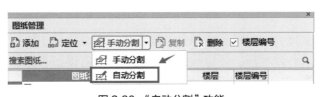

图2-30　"自动分割"功能

3. 导出选中图纸

观察图纸后发现，首层和三层的卫生间的器具布置和管线分布情况，均以详图形式在给排水系统图中单独绘制，这里需要将这部分图纸单独导出，方便在单独处理卫生间详图的建模操作时使用，具体操作如下。

操作1：单击"功能包"界面上方的 模型管理▼ 图标按钮，在展开的功能按钮中单击 导出CAD 图标按钮，启用该功能，如图2-31所示。

操作2：框选图纸中一层和三层的卫生间给排水详图，单击鼠标右键，弹出"保存CADI文件"对话框。这里，将文件名修改为"卫生间详图"，并注意上方的文件保存路径，务必存放在一个方便查找的位置，如图2-32所示。单击下方 保存 图标按钮，即可完成选中图纸的导出操作。

图2-31　启用"导出CAD"功能

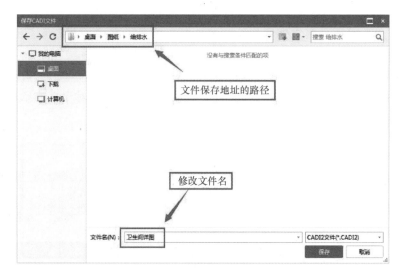

导入、分割、定位和
导出图纸

图 2-32 "保存 CADI 文件"对话框

温馨提示：

需要注意的是，采用上述方法导出的图纸文件格式为".CADI2"，该格式为广联达 BIM 软件专用文件格式，其它软件无法直接打开使用。

2.3.5 校验比例尺

安装工程中，以长度为计量单位的构件建模工作，十分依赖于比例尺的正确与否。完成上述各项操作后，在进行建模前，还应该确定比例尺是否有误，否则，建立在错误比例尺之上的 BIM 模型将毫无意义。校验比例尺的具体操作如下。

操作 1：单击"工具"选项卡→ 测量两点间距离 图标按钮，启用"连续测量两点的距离"功能，如图 2-33 所示。

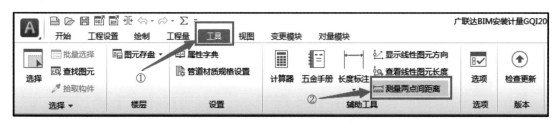

图 2-33 启用"连续测量两点的距离"功能

根据文字提示操作栏的要求（图 2-34），选取图纸中标有数字尺寸标注的线段进行测量即可。建议选取轴线与轴线间的尺寸标注，这里以选取轴线①与轴线②之间的尺寸标注线为例。

按鼠标左键可连续选择测量点，按右键或ESC确认，弹出测量结果

图 2-34 启用"连续测量两点的距离"的文字提示

操作 2：从左至右依次单击轴线①与轴线②之间的尺寸标注线的两个端点，再单击鼠标右键，软件弹出量取长度的提示框，如图 2-35 所示。

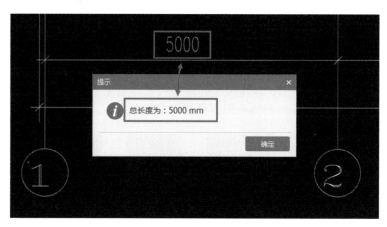

图 2-35 量取长度的提示框

可以发现，提示框显示的长度"5000mm"和轴线①与轴线②之间的标注尺寸"5000"一致，说明比例尺无误。

操作 3：双击图 2-36 中"图纸名称"→"一层给排水平面图"，绘图区域切换至分割处理后的"一层给排水平面图"状态，同时，楼层状态为对应的"首层"楼层，并在之前确定的定位点上，用红色的"×"表示。这样，在建模前的必要操作就已全部完成。

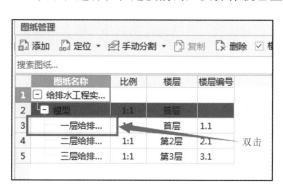

图 2-36 双击对应楼层的图纸名称

GQI2018/2019/2021 取消了"生成分配图纸"，按上述操作 3 执行后，软件就可快速切换到对应图纸所在楼层，并实现分配完图纸之后的状态。

温馨提示：

部分用户采用上述操作量取的长度与图纸标注可能有一定的偏差，如所量取的长度为"4999mm"或"5003mm"，这主要是单击端点操作精确度的原因，而比例尺一旦出错，均会以成倍的比例出错，本书后面的章节中将会说明如何设置比例尺。

校验比例尺

2.4 给排水工程建模的一般流程

安装工程每个专业的建模流程大体相同，但针对各个专业工程的特点，又会有一定的差异。

给排水工程的管道流向通常是按图 2-37 进行的（排水管流向虽然方向相反，但建模时，仍可按这样的走向进行建模）。由于引入管或排出管通常都是从房屋最底层开始的，因此在绘图输入时，楼层应遵循从下到上的顺序逐层进行识别。

图 2-37 管道常见走向

此外，软件建模的构件数量和种类繁多。为保证效率，这些构件的建模顺序需要遵照图 2-38 来执行。

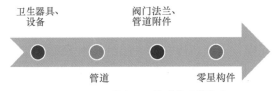

图 2-38 给排水工程构件的建模顺序

按照这个（图 2-38）创建流程，灵活地运用软件，将会给本工程的建模工作带来很大的便利。

2.5 设备提量——卫生器具建模

根据图 2-38 的建模顺序，应首先进行平面图上各楼层的卫生器具及设备的建模。在实例工程中，大部分的卫生器具都绘制在一层和三层的卫生间详图中，而在平面图中，只有首层平面图中的地面清扫口需要进行建模处理。

2.5.1 卫生器具的构件新建

新建卫生器具的构件的具体操作如下。

操作 1：依次单击"构件类型导航栏"中的 卫生器具(水)(W) 图标按钮→ 新建 图标按钮→ 新建卫生器具 图标按钮，如图 2-39 所示，软件会自动创建一个名称为"WSQJ-1〔台式洗脸盆〕"的构件，如图 2-40 所示。被自动创建的构件往往不满足实际需求，需要进行二次编辑。

操作 2：这里需要更改构件下方属性编辑栏中的参数。单击"台式洗脸盆"，右侧出现 ▼ 下拉列表按钮；通过下拉列表滚动条，单击选中"地面扫除口"（图 2-41），再按〈Enter〉键，这样，构件的类型就被更改为"地面扫除口"了。

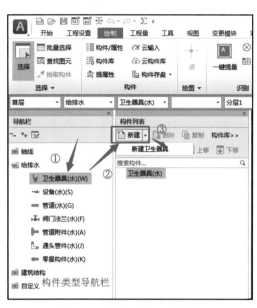

图 2-39 新建卫生器具的操作

图 2-40 被自动创建的卫生器具属性

操作 3：更改构件名称。单击"类型"栏的属性值，使用〈Ctrl+C〉快捷键，复制文字"地面扫除口"，将其粘贴至"名称"栏的属性值，如图 2-42 所示。这时，构件名称更改为"地面扫除口"，完成构件的新建操作，如图 2-43 所示。

图 2-41 更改"卫生器具"类型

图 2-42 复制文字至"名称"属性值

图 2-43 完成构件的新建操作

此外，"名称"栏的属性值也可以通过手动输入修改完成。

内容拓展

卫生器具的类型选择非常重要。类型选择不同，会直接影响安装高度的情况，如图 2-44 所示。

3	类型	坐式大便器	☑
4	规格型号		☐
5	标高(m)	层底标高+0.38	☐

3	类型	拖布池	☑
4	规格型号		☐
5	标高(m)	层底标高+0.1	☐

图 2-44 不同类型的卫生器具的安装高度

常见的卫生器具安装高度都已内置在软件中，方便读者和用户在确定好卫生器具的类型之后，直接进行下一步操作。有特殊设定的情况，也可以自行修改标高。

卫生器具的安装高度直接影响到连接卫生器具的管道长度，因此，卫生器具的类型选择十分关键。一些设计图纸对于卫生器具的名称描述会与国家制定标准上的名称存在一定的差异，这时，名称可按照图纸描述来执行，但在类型选择中，应严格按照国家卫生器具安装高度标准中的对应类型来执行。

卫生器具的构件新建

2.5.2 设备提量

在首层中，仅出现地面扫除口这一类卫生器具，这里只需要一次处理该构件，即可完成该构件的建模工作，具体操作如下。

操作 1：单击 ⊗设备提量 图标按钮（图 2-45），此时，下方文字提示栏出现内容"左键点选或拉框选择图例和文字（可不选），右键确认或 ESC 退出"，如图 2-46 所示。

图 2-45 启用"设备提量"

左键点选或拉框选择图例和文字（可不选），右键确认或ESC退出

图 2-46 启用"设备提量"的文字提示内容

操作 2：根据文字提示内容，点选或拉框选中平面图中该卫生器具的图例符号，此时，该图例符号变为深蓝色，如图 2-47 所示。

操作 3：单击鼠标右键，弹出"选择要识别成的构件"对话框，如图 2-48 所示。

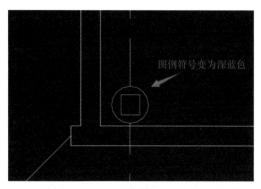

图 2-47 选中的图例符号变深蓝色

图 2-48 "选择要识别成的构件"对话框

操作 4：单击"选择要识别成的构件"对话框右下方的 确认 图标按钮，完成构件与选中 CAD 图元的匹配操作。这时，页面弹出提示"识别的设备数量是：11"（图 2-49），这样即完成平面图中所有卫生器具的建模操作。

图 2-49 设备识别数量提示框

温馨提示：

由于首层平面图中需要建模的卫生器具只有地面扫除口这一种类型，因此，在对话框中"构件列表"栏不需要进行选中操作。

设备提量

2.6 管道建模

根据图 2-38，接下来进行管道的建模操作。

平面图中存在三种系统类型的管道，即给水系统、污水系统和雨水系统，这里，建议优先进行给水系统管道的建模处理。

按照图 2-37，首先进行给水入户干管的建模处理，该干管位于首层平面图中轴线⑨右侧和轴线⑧上方，如图 2-50 所示。

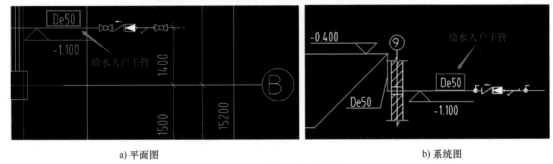

a) 平面图   b) 系统图

图 2-50　给水入户干管位置

2.6.1　管道构件的新建操作

新建管道构件的操作步骤如下。

操作 1：依次单击"构件类型"导航栏中的 管道(水)(G) 图标按钮→ 新建 图标按钮→ 新建管道 图标按钮，此时，软件会自动创建一个名称为"GSG-1"的构件，如图 2-51 所示。

图 2-51　管道构件的创建

被自动创建的构件往往需要进行二次编辑。本实例工程中，给水系统管道的设计要求如图 2-52 所示。

> 2　给水系统
>
> 　　本工程生活给水最高日用水量为6.5m³/d，最大时用水量为0.98m³/h，由市政供水管网供给，系统形式为下行上给，入口处水压为0.18MPa。给水管采用符合卫生标准的无规共聚聚丙烯（PP-R）给水管及管件，热熔连接。

图 2-52　给水系统管道的图纸设计要求

操作2：根据图2-50和图2-52，利用手动输入或复制粘贴等方式，对构件的"名称""管径规格""起点标高"和"终点标高"进行修改，其它属性按默认值，不做修改，最终修改完成效果如图2-53所示。

图 2-53　修改完成的构件属性栏

温馨提示：

　　初学者在创建管道构件时，其名称可按照"用途＋材质＋空格＋管径规格"的格式设置，以便形成较为规范的构件名称管理形式。

2.6.2　选择识别——平面管道构件建模

平面管道构件的建模处理的具体操作如下。

操作1：单击功能栏中的 选择识别 图标按钮（图2-54），同时，下方文字提示栏内容变为"左键选择要识别的管线，右键确认或ESC退出"，如图2-55所示。

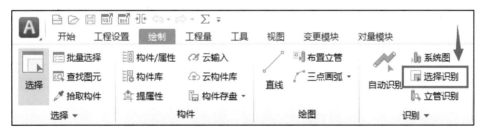

图 2-54　启用"选择识别"功能

左键选择要识别的管线，右键确认或ESC退出

图 2-55　启用"选择识别"功能时的文字提示栏内容

操作2：根据文字提示栏的内容，点选绘图区域平面图中所有表示De50的CAD线（阀门与阀门之间、阀门与管道附件之间都需要点选），如图2-56所示。

操作3：根据文字提示栏的内容，单击鼠标右键完成确认，弹出"选择要识别成的构件"对话框，如图2-57所示。

操作4：此时构件列表中并没有其它构件，直接单击对话框右下方的 确认 图标按钮，即完成选中的CAD线与软件新建的构件的匹配。

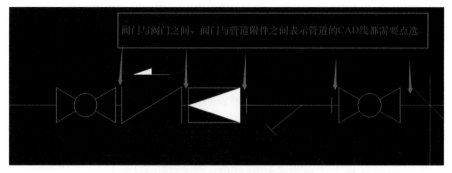

图 2-56　选择识别管线时的注意事项

选择识别

图 2-57　管道"选择要识别成的构件"对话框

2.6.3　图层的显示与隐藏

按照上述操作进行给水管 De50 构件的建模处理时，由于建筑平面图线和阀门、管道附件等图例的存在对图纸的观察和软件操作均有较大的干扰，因此，可使用软件提供的图层的显示与隐藏功能，保留必要的图线和标示，方便后续操作，具体操作如下。

操作 1：利用"撤销"命令，或单击建模完成的构件，再使用〈Delete〉键撤销或删除上述建模完成的给水管 De50 构件。

这里为方便说明，需要恢复到建模处理前的状态，对软件的特性比较熟悉的读者，可不做该处理。

操作 2：单击"图纸管理"界面下方"CAD 图层"界面中的 显示指定图层 图标按钮（图 2-58），此时，文字提示栏内容变为"按鼠标左键选择 CAD 图元，按右键确认或 ESC 取消"，如图 2-59 所示。

图 2-58　启用"显示指定图层"功能

按鼠标左键选择CAD图元，按右键确认或ESC取消

图2-59　启用"显示指定图层"功能命令时文字提示栏显示内容

操作3：根据文字提示内容，单击需要保留的CAD图线图层，这时，该图层对应的CAD图线将全部变成蓝色；再单击鼠标右键完成操作，此时，绘图区域只显示刚选中图层的图线，其余均被隐藏。

操作4：根据文字提示内容，单击"CAD图层"界面→"CAD原始图层"左侧的"□"，将其变为✓状态，这样，CAD图线就全部恢复显示了，如图2-60所示。

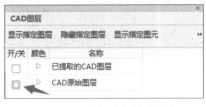 

　　a）只显示选中图层图线的状态　　　　　　　　b）显示全部CAD图线的状态

图2-60　隐藏与恢复图层图线的界面变化

有时，保留图层操作后的显示效果并不符合具体的需求或者在执行保留图层操作时，错误选中了一些不需要显示的图层，这时，就可以利用上述操作来进行恢复和隐藏，反复进行操作，直至达到用户所需要的图线显示效果。

只保留选中图层的图线，排除了一些不必要的图线干扰，对于建模操作非常便利，是一个常用功能。

图层的显示与隐藏

2.6.4　左拉框选与右拉框选

即使是在保留选中图层状态下，使用"选择识别"来处理给水管De50这样的图线进行建模操作也显得十分不便。按照之前介绍的操作，仍需要点选一段一段的CAD图线才可完成选择，操作复杂且效率低下，这时，往往需要使用框选的方法。

框选，即当光标处在选择状态时，在绘图区域内拉框进行选择的方法。框选可以分为左拉框选与右拉框选两种。

1. 左拉框选

单击绘图区域中的一个位置，按住鼠标左键不放，从左向右方拉一个方框进行选择，此时，方框为实线；松开鼠标左键，只有全部包含在框内的图线才能被选中，如图2-61所示，而只有一部分在框内的图线则不会被选中。

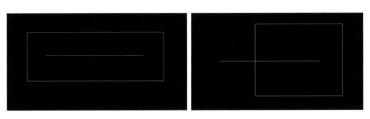

　　　　a）全部框选　　　　　　　　　　　b）部分框选

图2-61　左拉框选

2. 右拉框选

单击绘图区域中的一个位置，按住鼠标左键不放，从右向左方拉一个方框进行选择，此时，方框为虚线；松开鼠标左键，框内以及与方框相交的图线则都会被选中，如图 2-62 所示。

左拉框选与右拉框选

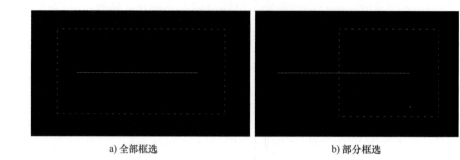

a) 全部框选　　　　　　　　　　　　　　　　b) 部分框选

图 2-62　右拉框选

根据实际情况，灵活使用这两种方法，能达到事半功倍的效果。

2.6.5　新建构件的便捷方式——构件复制

接下来，沿着给水管的供水方向，进行"给水用 PP-R 管 De40"管道构件的建模处理，如图 2-63 所示。

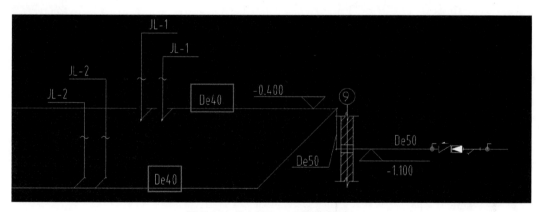

图 2-63　给水管 De40 管道系统图

这里，除了使用构件的"新建"功能外，软件也提供了别的方式进行处理。需要新建的管道构件"给水用 PP-R 管 De40"除名称、规格以及安装的标高之外，其余均与"给水用 PP-R 管 De50"管道构件相同，这里就可以使用"构件列表"中的"复制"功能，具体操作如下。

操作 1：单击"构件列表"窗口中的　　　图标按钮，这时"构件列表"中会出现一个构件名称为"给水用 PP-R 管 De50-1"的构件，如图 2-64 所示。

经观察发现，该构件除名称外，其余属性与之前创建的"给水用 PP-R 管 De50"完全相同，如图 2-65 所示。

操作 2：根据图纸的设计要求，按图 2-66 手动完成"名称""管径规格""起点标高"和"终点标高"的修改即可。

复制构件的操作方式，非常适合构件属性信息中大部分内容相同的情况，用户只需调整个别细节就可完成对应构件的新建操作，有利于提升构件的创建效率。

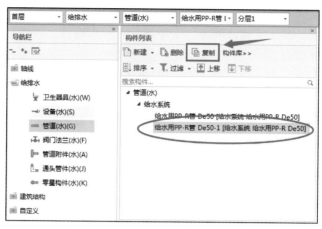

图 2-64 复制构件

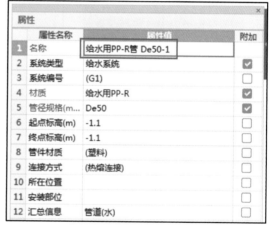

图 2-65 复制构件与之前新建构件的属性对比

图 2-66 修改完成的"给水用 PP-R 管 De40"构件

构件复制

2.6.6 "构件列表"选择注意事项

按照供水流向，接着开始创建 De32 的给水管道构件。观察实例工程系统图，可以发现，De32 和 De40 管道的安装标高相同，因此，创建新的 De32 构件时，宜以 De50 构件为目标属性源进行复制。由于"构件列表"中不再只有一个构件，因此，在构件复制时应特别注意当前所选的构件状态。

在"构件列表"中，有一蓝色填充框，如图 2-67 所示。该蓝色填充框表示当前点选构件的状态，通过在"构件列表"中点选不同名称的构件，蓝色填充框也会随之切换，并且在下方的属性内容中也会显示当前选中的构件情况。因此，在进行构件复制时，蓝色填充框所处的位置代表着软件将以该构件作为构件复制的目标属性源，如图 2-68 和图 2-69 所示。

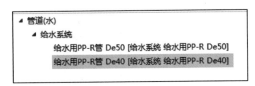

图 2-67　"构件列表"中的蓝色填充框

图 2-68　蓝色填充框在 De40 管道构件时复制构件效果

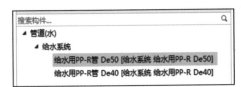

图 2-69　蓝色填充框在 De50 管道构件时复制构件效果

此外，若"构件列表"不只有一个构件，在对 CAD 图例或图线进行构件匹配时，也应该注意构件的选中状态，即蓝色填充框的位置，如图 2-70 所示。

a）CAD 图例识别成构件时

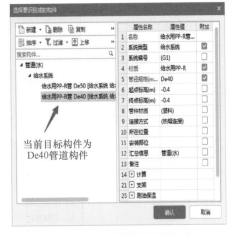

b）CAD 图线识别成构件时

图 2-70　匹配构件操作

结合上述的操作方法和注意事项，不难完成余下的给水管道建模操作。

内容拓展

在使用识别的方法进行建模的过程中，弹出"选择要识别成的构件"对话框时，该对话框的右侧为目标构件的属性栏，如图 2-71 所示，可以在这里直接进行对应属性内容的修改。完成修改后，生成的构件也将按修改后的属性内容进行建模，其效果与进行"新建"或"复制"构件操作时一样。

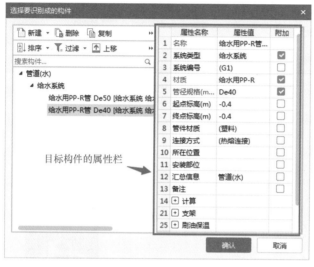

图 2-71　"选择要识别成的构件"属性栏

构件列表的选择
注意事项

2.6.7　管道自动生成的构件

按照上述操作方法，不难完成余下的给水管构件的建模操作。通过完成建模的构件，给水管在转向处分别出现了弯头和三通等管件（图 2-72 中的红色部分）。此外，由于给水管 De50 标高位置较低（标高 -1.100），而给水管 De40 标高位置较高（-0.400），在该三通位置，软件自动生成一根标高 -1.100 到 -0.400 的短立管。从平面图上观察，该连接位置用"○"来表示，如图 2-73 所示。软件建模时，用户无须进行额外的操作，一些构件可以自动生成。无法自动生成的构件，本书也将会在稍后的章节单独说明讲解。

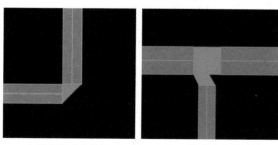

a）弯头形成的效果　　b）三通形成的效果

图 2-72　管道形成管件的效果

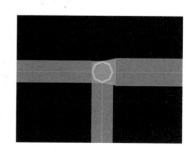

图 2-73　立管生成效果

2.6.8　三维观察及 CAD 图线亮度调整

在图 2-73 中，从平面图的俯视视角，只能观察到该位置有个○，无法直接显示这里管道高低差异的形状，这时，就需要用到软件提供的动态观察功能进行三维查看，具体操作如下。

操作 1：单击"视图"选项卡→"动态观察"功能按钮，启用该功能，如图 2-74 所示。

图 2-74　启用"动态观察"功能

在绘图区域中部出现了一个特殊的图案，如图 2-75 所示。将光标移动到绘图区域中，光标也将变为特殊的形状，如图 2-76 所示。

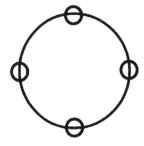

图 2-75　动态观察时绘图区域出现的特殊图案　　　　图 2-76　绘图区域中发生变化的光标形状

操作 2：在绘图区域中，按住鼠标左键不动，上下左右平移鼠标，就可以实现观察角度的变换，从而调整至一个适合用户观察的角度，如图 2-77 所示。

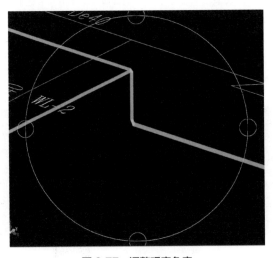

图 2-77　调整观察角度

观察图 2-77 可发现，在绘图区域中，仍然存在原始的 CAD 图线，在复杂的图纸中，这会对三维观察造成极大的影响。

操作 3：单击绘图区域下方文字提示栏左侧的"CAD 图亮度"调节拖动钮 ，按住鼠标左键不动，左右拖动鼠标，可实现 CAD 原始图线的亮度调整，如图 2-78 所示。

图 2-78 "CAD 图亮度"调节拖动钮

将调节拖动钮拖动至最左侧，CAD 图亮度为 0，如图 2-79 所示，则 CAD 原始图线将无法显示，如图 2-80 所示。

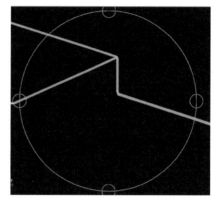

CAD图亮度 : 0% ⊖ ▊ ⊕

图 2-79 CAD 图亮度调整为 0　　　　　图 2-80 CAD 图线完全不显示的三维效果

有时，需要同时显示三维效果和 CAD 图线，但 CAD 图线不宜过于突出。这时，除了上述操作外，还可以单击拖动条左右两侧的 ⊖ 和 ⊕ 图标，实现亮度的精准调节。

内容拓展

除了上述操作外，还可单击"图纸管理"界面左侧 图标按钮，快速激活"动态观察"命令，如图 2-81 所示。

图 2-81 绘图区域视图快速启用栏

该列工具栏其它功能，使用效果比较直观，读者和用户可自行尝试。

动态观察与 CAD
图线亮度调整

2.6.9 构件的公共属性和私有属性及其应用

使用"动态观察"功能，调整合适的三维视角（图 2-80），由于 -1.100 到 -0.400 的那段短立管构件是软件自动生成的，因此有必要去验证该构件是否正确。而当绘图区域处于"动态观察"状态时，即出现如图 2-75 所示的特殊图案时，只能进行改变视角和大小的操作，无法对构件进行选中或编辑操作。

1. 自动生成的构件属性出现错误

针对自动生成的构件属性出现错误的情况的具体操作如下。

操作 1：软件处于"动态观察"状态时，按一下〈 Esc 〉键或单击鼠标右键，绘图区域中的特殊图案将会消失，光标形状也会随之改变。

操作 2：将光标移动至短立管处，稍待几秒，会在光标处出现该构件的名称信息，如图 2-82 所示。

图 2-82 中的构件信息表明该构件为"给水用 PP-R 管 De40"，而根据给水管系统图情况（图 2-83），该处构件应为"给水用 PP-R 管 De50"管道构件。出现这样的错误，是因为软件自动生成短立管时，会按照后续建模识别的构件为构件源来生成短立管。

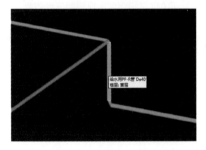

图 2-82　短立管构件名称显示

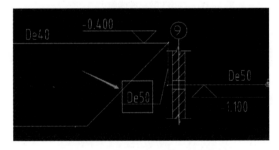

图 2-83　图纸中短立管的规格要求

操作 3：单击选中这根短立管构件，使之成为深蓝色，这时，构件属性栏切换至该构件的属性显示状态，如图 2-84 所示。

2. 构件的公共属性和私有属性

一般来说，读者在这里会按照下列错误的方式进行修改：

单击属性信息栏中的"管径规格（mm）"单元格，将"De40"修改为"De50"，按一次〈 Enter 〉键，完成修改。按照这样的方式，被选中的构件的管径确实能修改为 De50，但也会随之带来两个重大问题：

1）该构件的名称信息仍为"给水用 PP-R 管 De40"，只是其中对应的管径规格发生了变化。

2）除了这根短立管外，所有构件名称为"给水用 PP-R 管 De40"的管道构件，其管径都被修改成了 De50，如图 2-85 所示。

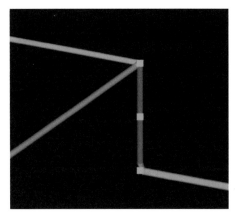

	属性名称	属性值
1	名称	给水用PP-R管 De40
2	系统类型	给水系统
3	系统编号	(G1)
4	材质	给水用PP-R
5	管径规格(m...	De40
6	起点标高(m)	-1.1
7	终点标高(m)	-0.4
8	管件材质	(塑料)
9	连接方式	(热熔连接)
10	所在位置	
11	安装部位	
12	汇总信息	管道(水)

a) 选中构件的状态　　　　　　　　　　b) 该构件的属性信息

图 2-84　短立管构件被选中及其对应属性栏显示信息

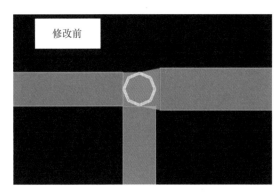

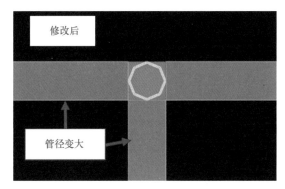

图 2-85　管径修改前后的变化（左图为修改前，右图为修改后）

　　建模操作中，经常需要对构件的属性信息进行修改。要想正确进行修改，应先了解构件属性信息栏的特点。

　　在图 2-84b 中，属性信息栏分成两列。左边一列为"属性名称"，该列为软件默认设置，无法被更改；而右边一列为"属性值"，需要用户输入相应的信息。在"属性名称"这列，有蓝色字体和黑色字体的区分。带有蓝色字体的内容为构件的公共属性，而黑色字体的为构件的私有属性。

　　公共属性，也称公有属性，是全局属性。当对一个构件的公共属性进行修改时，软件会将修改内容自动同步到绘图区域中各个相同名称的构件中去。而对构件的私有属性进行修改，只会对以下两种构件产生影响：①当前被选中的构件；②即将在绘图区域建模的构件。公共属性和私有属性修改效果详见表 2-2。

表 2-2　公共属性和私有属性修改效果一览表

修改属性类别	绘图区域中已选中的构件	绘图区域中未选中的构件	当绘图区域中未选中任何构件时， 更改构件属性
公共属性	有效	有效	对绘图区域已建模的构件和将要建模的构件都会产生影响
私有属性	有效	无效	对绘图区域已建模的构件不会产生修改效果，而对将要建模的构件产生影响

刚才的操作结果出现错误，原因在于对选中的短立管构件的管径大小进行了修改，但忽略了管径大小属于公共属性这个重要因素，造成所有名称为"给水用 PP-R 管 De40"的构件都被修改成 De50 的管径。

3. 管道构件更改管径的正确操作方法

这里直接修改公共属性或私有属性并不适用，正确处理构件更改管径的具体操作方法如下。

操作 1：选中需要修改的短立管后，单击鼠标右键，在弹出的功能选项框中，单击 修改名称 图标按钮，如图 2-86 所示。

操作 2：在弹出的"修改构件图元名称"对话框中，先在右侧"目标构件"栏中单击"给水用 PP-R 管 De50"构件，再单击右下方的 确定 图标按钮（图 2-87），这样，该短立管构件就被修改为"给水用 PP-R 管 De50"构件，且其它未被选中的管道构件不会受影响，如图 2-88 所示。

图 2-86 单击"修改名称"

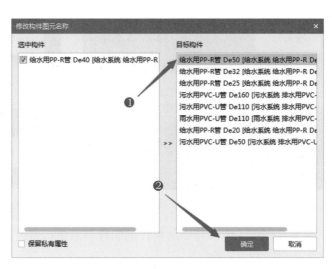

图 2-87 选中替换的目标构件

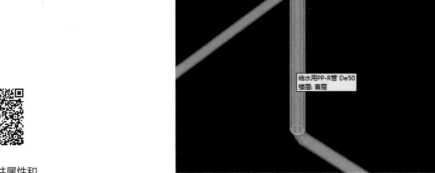

构件的公共属性和
私有属性及其应用

图 2-88 完成修改后的构件效果

2.6.10　立管构件建模——立管识别

软件能自动生成立管的前提是，需要保证连接立管的两端有存在高差的水平管。

将一层平面图中给水管的水平部分全部识别完毕后，接着就需要识别 JL-1、JL-2 立管。首先进行 JL-2 的识别。

JL-2 被一根安装过滤器和水表的水平管分成两段，从系统图观察为标高 0.200 以下和标高 0.200 以上的两个部分，平面图观察为带有 JL-2 的两个圆圈，如图 2-89 所示。

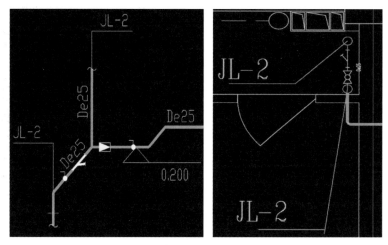

图 2-89　JL-2 系统图与平面图（左为系统图，右为平面图）

已经完成建模的给水管，先连接的是平面图中靠下方的 JL-2 立管（标高 0.200 以下的立管），因此先进行该立管的建模处理，具体操作如下。

操作 1：单击功能栏中的 圈 立管识别 图标按钮，启用该功能（图 2-90），同时，下方文字提示栏内容变为"左键选择要识别的管线，右键确认或 ESC 退出"，如图 2-91 所示。

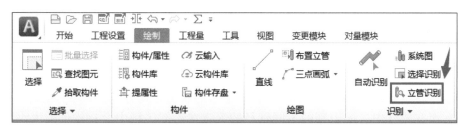

图 2-90　单击"立管识别"

左键选择要识别的管线，右键确认或ESC退出

图 2-91　单击"立管识别"的文字提示栏内容

操作 2：根据文字提示栏的内容，框选表示立管的圆圈。

> **温馨提示：**
> 使用"识别立管"命令时，无法选中直线，只能选中圆弧线。

操作 3：单击鼠标右键，在弹出"选择要识别成的构件"对话框中，构件列表先单击切换至构件"给水用 PP-R 管 De25"，并根据图纸信息（图 2-89），将"起点标高"修改为"-0.4"，将"终点标高"修改为"0.2"，再单击 [确认] 图标按钮，完成构件与图线的关联，如图 2-92 所示。这样，在圆圈中央就生成了所需的立管，如图 2-93 所示。

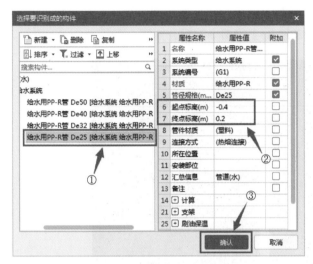

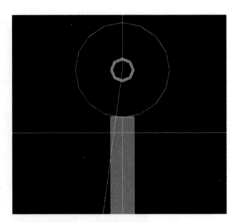

图 2-92　立管识别时属性信息的修改　　　　　图 2-93　立管建模后的平面图效果

温馨提示：

识别立管时，起点标高一定要小于终点标高，否则会弹出一警告提示框，必须修改好标高，才能重新布置构件。

2.6.11　延伸水平管

观察立管建模完成后的平面图可以发现，水平管位于圆圈外侧，并未延伸至圆圈内部的立管位置，如图 2-93 所示。即使动态观察其三维效果，生成的立管与水平管也没有任何连接，如图 2-94 所示。

这是由于在给排水制图标准中，平面图上立管的表示方式为一圆圈加引出线及文字符号（图 2-95），而在软件中，被识别的不同管径的管道在绘图区域中会有构件的大小区别，因此，被识别出的立管如果管径尺寸不够大的话，是无法填充满立管原始的 CAD 立管圆圈图线的，就会造成与连接的水平管道间有较大空隙，无法自动生成连接构件。延伸水平管的正确操作如下。

操作 1：单击功能栏中的 [延伸水平管] 图标按钮，启用该功能（图 2-96），同时，下方文字提示栏内容变为"鼠标左键选择需要延伸的水平管，右键确认或 ESC 退出"，如图 2-97 所示。

操作 2：根据文字提示栏的内容，单击选中需要延伸的水平管，再单击鼠标右键，弹出"水平管延伸范围设置"对话框。本实例工程无须调整该范围，单击下方 [确定] 图标按钮，如图 2-98 所示，这样，水平管就能与立管连接上了，如图 2-99 所示。

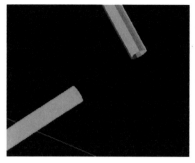

图 2-94 立管的动态观察

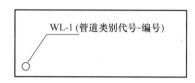

图 2-95 给排水制图标准中，立管在平面图中的表示方法

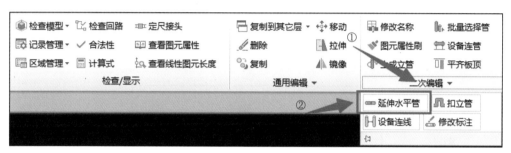

图 2-96 单击"延伸水平管"图标按钮

鼠标左键选择需要延伸的水平管，右键确认或ESC退出

图 2-97 单击"延伸水平管"的文字提示栏内容

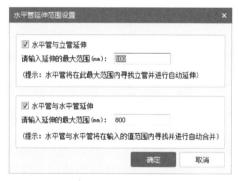

图 2-98 水平管延伸范围设置

图 2-99 延伸后的水平管与立管相连

按照上述介绍的操作方法，不难完成余下的给水管道构件的建模操作。完成这些构件后，接着就可以处理污水管和雨水管构件了。

立管识别及
延伸水平管

2.6.12 污水管构件新建注意事项

污水管和雨水管的用途都是排水，其材质均为排水用 PVC-U 管，构件的新建操作与给水管构件的新建操作大致相同，只是个别属性信息需要进行调整，此处不再赘述。

需要注意的是，由于管道排水时需要考虑放坡，因此，污水管的标高在排出端（-0.900m）与接管端（-0.830m）都不相同，如图 2-100 所示。

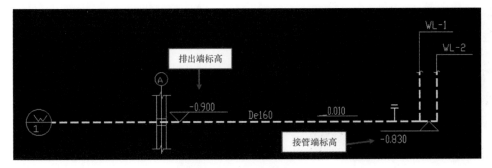

图 2-100　污水管系统图

由于软件无法对管道构件设置坡度，且在实际工作中，对于安装在建筑内的管道工程，一般也不计算坡度对水平管道的影响。因此，在污水管的标高信息中统一按照管道的最底端标高"-0.9"输入即可，其它信息可参照图 2-101 进行修改。

属性			
	属性名称	属性值	附加
1	名称	污水用PVC-U管 De160	
2	系统类型	污水系统	☑
3	系统编号	(G1)	☐
4	材质	排水用PVC-U	☑
5	管径规格(m...	De160	☑
6	起点标高(m)	-0.9	☐
7	终点标高(m)	-0.9	☐
8	管件材质	(塑料)	☐
9	连接方式	(胶粘连接)	☐
10	所在位置		☐
11	安装部位		☐
12	汇总信息	管道(水)	☐
13	备注		☐
14	☐ 计算		
15	── 标高...	管底标高	☐
16	── 计算	按默认计算设置计算	
17	── 是否...	是	☐

图 2-101　污水管 De160 构件的属性信息

需要说明的是，根据图纸的设计要求（图 2-102），在设置新建构件的属性中，还需要更改"标高类型"为"管底标高"。

图中标高单位为米，给水管为管中心标高，排水管为管内底标高，其余尺寸以毫米计。
图中未尽事宜按国家现行有关规范标准执行。

图 2-102　图纸中关于管底标高的要求

2.6.13　直线绘制——污水管构件建模

在使用"选择识别"方式进行污水管道的建模操作时，由于污水管的 CAD 图线绘图采用非连续线的原因，在管道分叉的位置（图 2-103），没有形成明显的连接交点，因此，在识别这几段管道时，会出现一些问题，造成无法形成正确的弯头和三通管件，如图 2-104 所示。这里，以轴线①～②区域的污水管为例进行说明，具体操作如下。

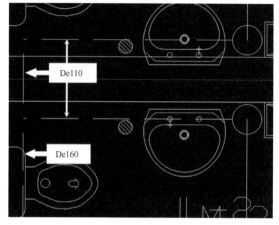

图 2-103　污水管分叉的图线情况

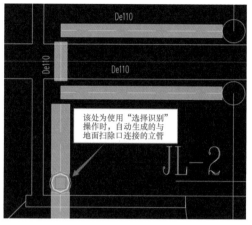

图 2-104　污水管交叉位置未形成管件

操作 1：使用"撤销"命令，或单击选中已建模完成的污水管构件，再使用 <Delete> 键删除构件，回到开始处理污水管道构件前的状态。

操作 2：在构件列表中单击切换至需要建模的"污水用 PVC-U 管 De160"构件。

操作 3：单击功能栏中的"直线"图标按钮，启用该功能，如图 2-105 所示，依次单击"排水用 PVC-U 管 De160"的起点和终点，这样，该构件的建模操作就完成了。

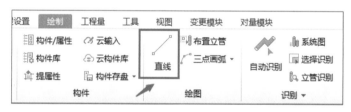

图 2-105　启用"直线"绘制功能

操作 4：按照操作 2 和操作 3 的方法，完成"污水用 PVC-U 管 De110"的建模操作，完成效果如图 2-106 所示。

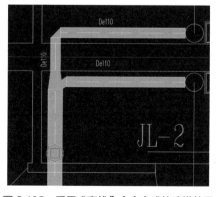

图 2-106　采用"直线"命令完成的建模效果

采用"直线"命令通常是在其它建模方法处理效果不佳时，才会考虑的选择，其操作方法是沿着 CAD 图线重新描图，操作相对费时，比较适合零星或少量图线的处理。

2.6.14 设备连管

对比图 2-104 和图 2-106 可以发现，采用"直线"命令绘制建模，在地面扫除口位置并没有自动生成连接立管的构件，这也是"直线"命令绘制建模时的主要缺点之一。因此，需要采用别的方法把该构件补充上去，具体操作如下。

操作 1：在构件列表中单击切换至需要生成立管的"排水用 PVC-U 管 De160"构件。

操作 2：单击"二次编辑"功能栏中的 设备连管 图标按钮，启用该功能，如图 2-107 所示，下方文字提示栏内容变为"请按鼠标左键选择需要连接的设备，右键确认或 ESC 退出"，如图 2-108 所示。

图 2-107 启用"设备连管"功能

操作 3：根据文字提示栏的内容，先单击需要连接的设备，即地面清扫口，再单击鼠标右键完成确认。这时，下方文字提示栏内容变为"请按鼠标左键选择需要连接的管"，如图 2-109 所示。

请按鼠标左键选择需要连接的设备，右键确认或ESC退出	请按鼠标左键选择需要连接的管
图 2-108 启用"设备连管"时的文字提示内容	图 2-109 选择地面清扫口后的文字提示内容

操作 4：根据文字提示栏的内容，单击横穿地面扫除口下方的"排水用 PVC-U 管 De160"构件，这样，下方水平管与地面扫除口的连接立管就被布置上去了。

> **温馨提示：**
> 在使用该功能之前，一定要确保先在构件列表中单击需要连接设备的管道构件。

2.6.15 相同构件的快速处理——镜像与复制

结合之前的操作，不难完成污水管的立管建模操作。

经观察发现，首层给排水平面图中根据污水管的走向和排布情况，从左至右，按轴线大致可分为①~③、③~⑤、⑤~⑦、⑦~⑨四个区域，这四个区域的污水管成左右对称分布，其走向和排布完全相同。在完成了轴线①~②区域的污水管建模操作后，如果继续按照之前的操作方法，处理余下其它区域的污水管构件建模，既麻烦，又费时。软件提供了"镜像"与"复制"功能，用来解决这样的问题，具体操作如下。

1. 镜像

操作 1：在绘图区中利用点选或框选的方式，选中之前创建好的轴线①~②区域的污水管构件，单击鼠标右键，在展开的功能选项框中单击 ⚠ 镜像 图标按钮，启用该功能，如图 2-110 所示，同时，下方文字提示栏内容变为"绘制镜像轴进行镜像"，如图 2-111 所示。

图 2-110 启用"镜像"功能

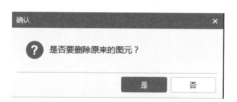

图 2-111 启用"镜像"功能的文字提示

这里的镜像轴是指镜像对称时，构件之间的镜像线。经观察发现，轴线①~②区域与轴线②~③区域的镜像对称线为轴线②，因此，宜选用该轴线上的两个点作为镜像线。

操作 2：根据文字提示栏的内容，依次单击轴线②上的两个点，这两个点推荐采用之前介绍的捕捉交点的方法点选轴线②与轴线Ⓐ、Ⓑ两处的交点。

操作 3：单击该线上的两个点后，弹出提示框"是否要删除原来的图元"，如图 2-112 所示。单击右下方 否 图标按钮，保留轴线①~②区域的污水管构件，这样，就完成了轴线①~③区域的污水管构件的建模。

图 2-112 镜像操作提示框

温馨提示：

若在图 2-112 中单击 确定 图标按钮，则轴线①~②区域的污水管构件将会被删除，只会保留轴线②~③区域的污水管构件。

2. 复制

操作 1：在绘图区域中利用点选或框选的方式，选中之前镜像完成轴线①~③区域的污水管构件，单击鼠标右键，在展开的功能选项框中单击 复制 图标按钮，启用该功能，如图 2-113 所示，同时，下方文字提示栏内容变为"鼠标左键指定参考点"，如图 2-114 所示。

图 2-113 启用"复制"功能

文字提示栏内容中的"参考点"，可以理解为 CAD 软件操作中的复制基准点，这里推荐选择任意一处排水立管的圆心作为基准点。

操作 2：根据文字提示栏的内容，单击其中一处立管圆心点，此时，软件下方文字提示栏内容发生变化，如图 2-115 所示。在轴线③~⑤区域中单击相同位置的立管圆心点，这样，在轴线③~⑤区域中，就完成了污水管构件的复制操作。

鼠标左键指定参考点　　　　　　　　　　鼠标左键指定插入点

图 2-114　启用"复制"功能的文字提示　　　图 2-115　复制后续操作的文字提示栏

操作 3：在轴线⑤~⑦、⑦~⑨两个区域中，单击上述操作 2 中相同位置的立管圆心点，这样，在这两个区域也完成了构件的复制操作。此时，单击 <Esc> 键或鼠标右键，退出"复制"命令。

镜像与复制

> **温馨提示：**
> 　　在复制构件操作时，完成了一个构件的复制后，若不单击 <Esc> 键或鼠标右键，则软件始终处于以上一个构件为复制源的复制状态，这样可以连续复制多个相同的构件。

2.6.16　构件手动拉伸——雨水管构件建模注意事项

在完成首层平面图中给水管和污水管的建模操作之后，还有雨水管构件尚未处理。本实例工程中，雨水管的材质与污水管完全相同，结合之前的操作，不难完成雨水管的建模处理。在新建构件、修改属性时，只需要调整系统类型、构件名称以及标高情况即可。根据雨水管的情况，其调整内容如图 2-116 所示。

	属性名称	属性值	附加
1	名称	雨水用PVC-U管 De110	
2	系统类型	雨水系统	☑
3	系统编号	(G1)	☐
4	材质	排水用PVC-U	☑
5	管径规格(m...	De110	☑
6	起点标高(m)	-0.8	☐
7	终点标高(m)	-0.8	☐
8	管件材质	(塑料)	☐
9	连接方式		☐
10	所在位置		☐
11	安装部位		☐
12	汇总信息	管道(水)	☐
13	备注		☐

图 2-116　雨水管的属性

在处理雨水管的建模操作时，可以使用"选择识别"或"直线"的方式来完成水平管的建模，而立管则采用"立管识别"的方式来完成。

在完成所有管道建模后的绘图区域中，可以发现，地面扫除口并没有与任何管道相连，如图 2-117 所示。根据附近的管道情况，可以初步判断该地面扫除口应与雨水管相连。这是因为地面扫除口必须与立管相连后，经水平管排至指定位置。此处雨水管若要连接地面扫除口，需要穿过比它位置高的给水管。根据给排水制图标准，应在给水管与雨水管交叉位置断开线段，才能表示雨水管位于下方的情况。而由于本图纸中，雨水管线采用 CAD 非连续线绘制，且地面扫除口位置附近有给水管穿过，预留的绘图空隙较小，小于非连续线的间隔，因此，在地面扫除口处没有任何管线与之连接，如图 2-118 所示。

图 2-117　地面扫除口没有连接立管

这里，只需要将雨水管构件延伸至地面扫除口位置即可，具体操作如下。

操作 1：在绘图区域单击选中需要延伸的雨水管构件，此时，被选中的构件共出现三个绿色的点，如图 2-119 所示，根据位置关系，可分为上、中、下三个点。

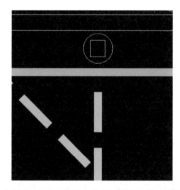

图 2-118　地面扫除口与雨水管的位置情况

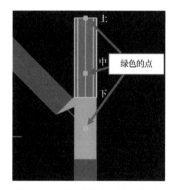

图 2-119　选中构件后出现的点

操作 2：单击处于构件上方的点，此时，该段构件以被选中的点为中心，随光标的移动而移动。

操作 3：单击地面扫除口的中部位置，这样，该管道就与地面扫除口相连，并生成与之相连的立管，如图 2-120 所示。

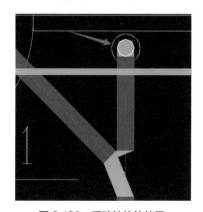

图 2-120　手动拉伸的效果

构件的手动拉伸

另外，单击图 2-119 的中间点，将可以实现构件等长的移动，而单击下部点，则该构件将以该点为中心进行延伸，其效果与上述操作相同。

处理完雨水管构件，就完成了首层平面图中所有管道构件的建模。

2.7　阀门法兰及管道附件建模

根据给排水工程构件的建模顺序，在完成平面图中所有管道构件的建模后，接着需要进行阀门法兰及管道附件的建模处理。

在构件类型导航栏中，无论是单击 阀门法兰(水)(F)，还是单击 管道附件(水)(A)（图 2-121），功能栏均没有任何变化。

阀门法兰与管道附件除了在新建构件时设置构件属性略有差异外，其余操作完全相同。此外，这两大类构件都需与管道进行连接，才能发挥对应的作用，除具体型号有其各自的不同特点外，其规格大小都以安装位置上的管道管径大小来进行区分。

这两种类型的构件以个数为统计单位，其操作方法同样采用卫生器具建模时的"设备提量"方法。

1. 阀门法兰构件

这里以给水管入户管位置的阀门为例进行说明。

如图 2-122 所示，红色箭头所指的阀门对应图纸材料表里的 PPR 管配套阀门，如图 2-123 所示，在新建构件时，需要根据该信息进行对应属性的修改，具体操作如下。

操作 1：参照卫生器具的新建方式，新建阀门构件，并将属性按图 2-124 所示进行修改。

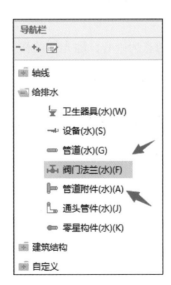

图 2-121　构件类型导航中单击
"阀门法兰"或"管道附件"

图 2-122　给水管入户管位置的阀门

图 2-123　材料表中阀门对应的图例符号

	属性名称	属性值	附加
1	名称	PPR管配套阀门	
2	类型	PPR管配套阀门	☑
3	材质		☐
4	规格型号(m...		☑

图 2-124　新建阀门构件属性的修改

操作2：按照卫生器具中的"设备提量"方法，单击功能栏中的 ⊗设备提量 图标按钮，接着单击所需要进行"设备提量"对应的图例符号，再单击鼠标右键，在构件列表中单击对应构件，完成构件与图例的关联。这样，入户管中两处 PPR 管配套阀门被提取，成功完成建模操作。

需要注意的是，完成"设备提量"后的阀门构件的属性栏，其规格型号按安装位置的管径大小自动匹配为"De50"，如图 2-125 所示。由于阀门构件存在着这样的特性，因此，在新建阀门构件时，其属性中的"规格型号"栏无须做任何修改。

属性			
	属性名称	属性值	附加
1	名称	PPR管配套阀门	
2	类型	PPR管配套阀门	☑
3	材质		☐
4	规格型号(m...	De50	☑
5	连接方式		☐

图 2-125　阀门构件的管径自动匹配

此外，在阀门构件的"类型"栏中，软件还提供了大量的选择，可通过单击下拉列表快速调用，如图 2-126 所示。

2. 阀门构件"设备提量"的注意事项

观察绘图区域可以发现，在卫生间接立管处，同样存在 PPR 管配套阀门构件，但在完成了给水管入户管处阀门的"设备提量"操作后，这里的阀门构件并未被成功提取，如图 2-127 所示。这是因为入户管位置与卫生间位置的 PPR 管配套的图例符号存在着较大程度的差异，比如图例形状的大小、图线的粗细等，使得同类构件无法在一次"设备提量"操作中完成建模，正确操作方法如下。

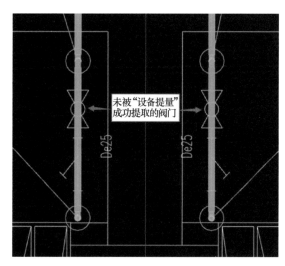

类型	闸阀
材质	截止阀
规格型号(m...	闸阀
连接方式	蝶阀
所在位置	球阀
安装部位	止回阀
系统类型	浮球阀
汇总信息	

图 2-126　阀门构件的"类型"下拉列表

图 2-127　未被"设备提量"提取的阀门

操作：采用上述"设备提量"的方法，完成建模操作即可。需要注意的是，在"选择要识别成的构件"对话框的构件列表中直接双击刚才已完成"设备提量"的安装在 De50 管的"PPR 管配套阀门"构件，如图 2-128 所示，软件会自动创建出一个名称为"PPR 管配套阀门 -1"的构件，其规格型号为"De25"，如图 2-129 所示。

图 2-128　直接双击已建模的构件

图 2-129　自动创建的阀门构件

阀门构件与安装的管道的管径规格息息相关，即使在"选择要识别成的构件"对话框中，选择了错误的构件，软件也会根据安装的管道管径大小，自动创建一个管径规格与之匹配，且类型相同的构件，为以示区别，该构件的名称后面会自动添加"-1"字样。因此，在阀门构件进行"设备提量"建模操作时，相同类型的阀门构件只需要新建一次即可。

其它类型的阀门构件按上述方式操作，按照新建构件→修改名称和属性→设备提量的操作顺序，不难完成这些构件的建模操作。

3. 创建管道附件的注意事项

创建管道附件的操作方法与阀门法兰构件完全相同，需要注意的是管道附件类型较多，需要逐个进行创建。创建时，可在"类型"下拉列表中选择对应的类型，以免出错，如图 2-130 所示。

图 2-130　管道附件"类型"的下拉列表

管道附件的建模操作方法和注意事项与阀门法兰构件完全相同，这里就不多做说明了。

阀门及管道的建模操作

> **温馨提示：**
> 　　在管道构件建模完成之前，是无法在绘图区域中完成阀门法兰或管道附件的建模操作的。

2.8　给排水工程零星构件建模

按照给排水工程的构件建模顺序，本实例工程还有少量的零星构件需要额外处理。

根据图纸设计说明，给水管道穿楼板处应设填料钢套管，其直径比管道大 2 号，而排水直管段设专用伸缩节，如图 2-131 所示。针对这一状况，需要对填料钢套管这样的零星构件进行处理。

1．管道穿楼板处应设填料钢套管，其直径比管道大2号，穿楼板处套管下端与板平，上端应高出地面20mm，卫生间应高出地面50mm，套管与管道间填防水密封膏。排水管穿楼板处为固定支承，直管段设专用伸缩节。

图 2-131　设计说明中关于填料钢套管及伸缩节的要求

2.8.1　布置现浇板

套管构件建模前，应先布置楼板，它是套管存在的必要条件。软件中提供了现浇板构件，用以解决这样的问题，具体操作如下。

操作 1：依次单击构件类型导航栏中 建筑结构 左侧的 图标按钮，在展开的构件类型中单击 现浇板(B) 图标按钮，再单击右侧 新建 图标按钮，最后单击下方展开的 新建现浇板 图标按钮，如图 2-132 所示。此时，软件会自动创建一个名称为"B-1"的构件。这里，该构件不需要进行二次编辑。

图 2-132　新建现浇板构件

操作 2：单击功能栏中的 矩形 图标按钮，启用该功能，如图 2-133 所示，同时，下方文字提示栏内容变为"指定矩形角点"，如图 2-134 所示。

操作 3：根据文字提示栏的内容，以点选的点为基点，下一个单击的点为对角线，绘制一个矩形。该矩形要覆盖所有立管通过的区域。绘制该矩形时，可以从左向右绘制，也可从右向左绘制，两种绘制方式，结果都是一样的。

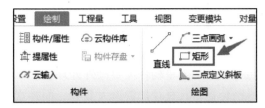

图 2-133 启用"矩形"绘制功能

指定矩形角点

图 2-134 启用"矩形"绘制功能时的文字提示栏内容

按照这样的操作方法，首层的楼板就布置完成了。

> **温馨提示：**
> 生成的现浇板构件只是为自动生成套管的操作提供一个前提条件，在 GQI 软件中创建的现浇板构件不会参与软件的计算环节，因此，对于现浇板区域的大小和板厚的准确性并不十分严格，只需保证矩形区域覆盖到需要生成套管的构件位置即可。

2.8.2 楼层切换

完成首层的楼板构件建模后，接着，需要进行二层和三层的楼板建模操作。首先需要把楼层状态切换至二层，具体操作如下。

操作 1：单击位于构件类型导航栏上方"首层"旁的下拉框按钮，在展开的楼层选项中，单击选中需要切换的楼层，就可进行楼层的切换了。这里，点击"第 2 层"将楼层状态切换至二层，如图 2-135 所示。

图 2-135 楼层切换下拉选项

操作 2：按照本书 2.8.1 中的操作 2 和操作 3 的方法，完成二层的现浇板构件的建模操作。

操作 3：按照上述方法，完成三层的现浇板构件的建模操作。

> **温馨提示：**
> 本书后面的章节中进行切换楼层时，主要使用的就是这种方法，需牢记。

2.8.3 管道的套管及伸缩节布置

完成现浇板构件的建模操作后，就可以进行套管及伸缩节的建模操作了，其具体操作如下。

操作 1：单击 构件类型导航栏中的"零星构件"构件类型，如图 2-136 所示。

操作 2：单击功能栏中的"生成套管"图标按钮，如图 2-137 所示，弹出"生成设置"对话框。

操作 3：单击"楼板"选项卡→ 添加 图标按钮，手动输入或单击下拉框选项按钮进行对应选择，完成"污水系统"和"雨水系统"中"伸缩节"套管类型的设置，并将下方"圆形套管生成大小"调整为"大于管道 2 个规格型号的管径"；接着，取消勾选"生成孔洞"；最后，单击 确定 图标按钮，如图 2-138 所示，弹出提示框，如图 2-139 所示，再次单击 确定 图标按钮，这样，所有楼层中套管的建模操作就完成了。

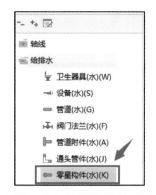

图 2-136 单击"零星构件"构件类型

图 2-137 单击"生成套管"图标按钮

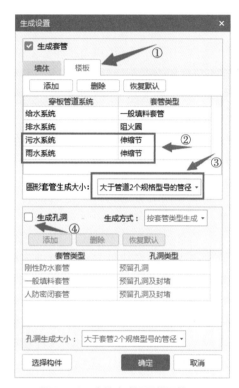

图 2-138 套管生成设置的调整

图 2-139 套管生成提示框

实际工程中，立管穿楼板的孔洞一般都是在土建施工中预留，通常不考虑单独开洞；如遇特殊情况，也可勾选"生成孔洞"选项。

利用"动态观察"调整合适视角，检查套管以及安装位置的管道情况，穿楼板的管道位置均已加设对应的套管和伸缩节，如图 2-140 所示。

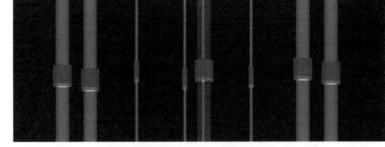

套管的布置

图 2-140　套管完成效果图

2.9　构件选中限制与跨类型选择

　　按照上述操作，平面图中的构件已完成了建模操作。随着模型构件的种类增多，新的问题也随之而来，如刚完成了阀门构件的建模后，需要调整之前完成建模的管道构件，这时，将无法选中需要调整的管道模型构件。

　　软件为防止建模时误操作，作出了下列限制：只可选中当前在构件导航栏中选定的构件，而其它类型的构件将无法被选中，如图 2-141 所示。

　　这样的限制对于初学者和新用户防止误操作有一定的帮助，但对于已熟练掌握软件操作的用户也造成了较大的不便。因此，软件在绘图区域下方增加了"跨类型选择"选项，如图 2-142 所示。当选择该选项后，绘图区域中构件的选择操作，将不再受当前选中构件类型的影响，可以任意选择。

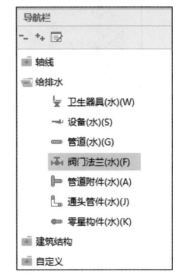

图 2-141　构件导航栏中选定"阀门法兰"构件

图 2-142　"跨类型选择"选项

2.10　卫生间详图的构件处理

　　完成平面中构件的建模操作之后，接着处理卫生间详图的建模。

2.10.1　插入图纸

　　将之前导出的"卫生间详图 .CADI2"插入绘图区域中，具体操作如下。

操作 1：将楼层状态调为"首层"。

操作 2：单击"工程设置"选项卡→ 模型管理 图标按钮，在展开的功能按钮中单击 插入CAD 图标按钮，启用该功能，如图 2-143 所示。

图 2-143 启用"插入 CAD"功能

操作 3：在弹出的"打开文件"对话框中，找到导出的图纸文件的存放位置，双击打开该文件，如图 2-144 所示，这样，卫生间详图就被载入绘图区域了。

图 2-144 "打开文件"对话框

插入图纸

2.10.2 设置比例尺

新插入的图纸，需要校验比例尺。利用本书 2.3.5 校验比例尺的方法，在图纸有尺寸长度标注的位置进行对应操作，发现比例尺出错，如图 2-145 所示，设置比例尺的具体操作如下。

操作 1：单击"绘制"选项卡→ CAD编辑 图标按钮→ 设置比例 图标按钮，启用该功能，如图 2-146 所示。

操作 2：根据文字提示栏内容，选中需要设置比例的卫生间详图。此时，被选中的图纸变为深蓝色。单击鼠标右键，完成确认。

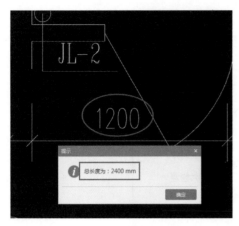

图 2-145　比例尺出错

图 2-146　启用"设置比例"功能

操作 3：根据文字提示栏内容，依次单击选中带有尺寸标注的图线的起止两个端点。为了确保点的精准选取，这里需要配合使用"交点捕捉"的方法来完成。此时，弹出这两个端点的测量距离，如图 2-147 所示。

操作 4：根据图 2-145，该距离应为 1200。在图 2-147 中输入 1200，单击 确定 图标按钮，完成比例尺的修改。

操作 5：分别校验新插入的卫生间详图和给排水平面图的比例尺，发现卫生间详图的比例尺已被调整为正确的比例尺，而一层给排水平面图的比例尺不变。

设置比例

图 2-147　"尺寸输入"对话框

2.10.3　设备提量的识别范围

接着，就可以按照图 2-38 所示的建模顺序完成各个构件的建模操作。

观察图纸可以发现，卫生间详图成上下镜面对称关系，且一、三层卫生间详图放置于同一张图纸内。为减少工作量，避免错误，可在建模时限定构件识别范围，这样就可以快速完成一层卫生间详图中上半区域或下半区域的构件建模，然后利用镜像或复制功能快速完成一层卫生间余下构件的建模操作。

在使用"设备提量"功能处理卫生间详图内卫生器具的建模操作时，需要首先限定区域范围，具体操作如下。

操作：按照之前介绍的流程，执行"选择要识别成的构件"操作时，单击 识别范围 图标按钮，根据文字提示内容要求，框选识别图纸的区域范围，单击鼠标右键，完成确认，如图 2-148 所示。

按照上述操作，只有被选中的限定区域范围的构件完成了建模，其余区域均不受影响。

图 2-148　单击"识别范围"图标按钮

2.10.4　设备连接点的设置

使用"选择识别"方法和"设备连管"的方法完成管道构件的建模操作后，可以发现，坐式大便器与污水管并不相连（图 2-149），并且使用"选择识别"进行操作时，在洗脸盆处，一开始也没有与污水管相连，而接着使用"设备连管"操作后，出现了"设置连接点"对话框，要求选择其中一个连接点，如图 2-150 所示。

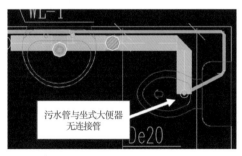
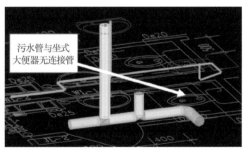

图 2-149　污水管与坐式大便器未连接

出现上述情况的原因是坐式大便器与台式洗脸盆分别需要供水和排水，既要考虑与给水管相连，也要考虑与污水管相连，而地面扫除口和地漏则只需排水即可，因此，之前在平面图的操作中并不需要考虑卫生器具多连接点的问题。此外，软件自 2018 版本开始，对于个别图例，在使用"设备提量"时，能够自动匹配连接点，如本实例工程中的洗脸盆，而有的图例因为缺少明显的接口标识，则无法自动匹配额外的连接点，其连接点默认为图例的中点。设置连接点的具体操作如下。

操作 1：如图 2-151 所示，在构件列表中单击需要设置连接点的卫生器具构件"坐式大便器"，再单击 图例 图标按钮，接着，在展开的"工程图例"小窗口中，单击 设置连接点 图标按钮，在"设置连接点"窗口单击给水管与坐式大便器的连接点（由于图块中该点没有精确的位置标识，因此该连接点可以不用太精确），最后单击 确定 图标按钮，完成设置。

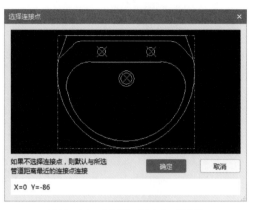

图 2-150 "选择连接点"对话框

操作 2：使用删除构件的方法，删除之前连接坐式大便器错误位置的给水管，重新使用"选择识别"方法处理给水管，再按照"设备连管"的处理方法，处理污水管与坐式大便器的连接，这样，就可以完成卫生器具连接管的操作了，如图 2-152 所示。

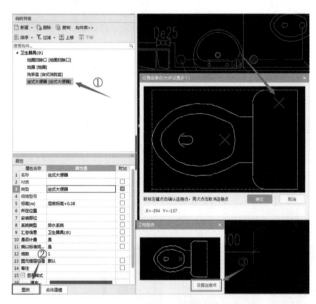

图 2-151 确定新的连接点

设备连接点的设置

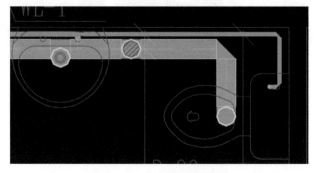

图 2-152 完成的平面效果图

2.10.5　相同区域的构件处理——标准间设置

按照本书 2.7 节的建模操作方法，完成余下的阀门及管道附件的建模操作即可，这样，就完成了一层卫生间详图中上半部分或下半部分的建模工作。

观察首层给排水平面图可以发现，轴线①～③、③～⑤、⑤～⑦、⑦～⑨四个区域中，每个区域均有 4 个相同的卫生间，即之前完成建模的一层卫生间详图构件共出现了 16 次。软件提供了"标准间"功能用以处理这样的情况，具体操作如下。

操作 1：如图 2-153 所示，在构件类型导航栏中单击 标准间(E) 图标按钮，并在构件列表进行构件新建操作；接着，将新建的构件名称修改为"首层卫生间"，并将数量修改为"16"，完成构件新建操作。

图 2-153　新建"标准间"构件

操作 2：单击功能区上方 矩形 图标按钮，启用该功能，如图 2-154 所示。在绘图区域中，利用该矩形框框选之前创建完毕的一层卫生间详图构件，这样，矩形框内的构件的数量就会乘以 16。

将楼层切换至三层，采取同样的方法，插入卫生间详图图纸，按照上述方法，完成三层卫生间详图的建模操作。至此，该实例工程的建模操作就全部完成了。

图 2-154　单击"矩形"图标按钮

标准间的处理

2.11　系　统　小　结

本章选用的实例工程较为简单，主要是让读者快速掌握软件基本操作流程和熟悉软件操作的基本习惯。

  如图 2-155 所示，初次使用本软件或是使用一些不熟悉的功能时，应仔细查看软件下方文字提示栏的内容，根据提示内容完成操作。

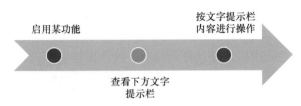

图 2-155 软件功能操作时的使用习惯

  如图 2-156 所示，在手动新建构件时，应根据设计要求修改对应的属性，使用合适的方法，完成建模操作。

图 2-156 构件手动新建建模的基本流程

  此外，建模软件应多使用"动态观察"功能，观察建模时的三维形态，便于发现错误，及时修正。

第三章 消火栓工程建模

3.1 消火栓工程的算量特点

消火栓工程对于管道出水量要求较高，具备下列特点：消火栓数量较多，消火栓连接支管繁多，立管数目较多，阀门及其它管道附件规格繁多，配置水箱及其它设备。

针对消火栓工程的上述特点，我们需要计算下列内容：消火栓，管道，管道阀门、消防水泵接合器等，管件及管道支架，其它构件。

3.2 实例图纸情况分析

本章采用的实例是一栋建筑面积为 25314.36m^2 的标准工业厂房，其楼层信息见表 3-1。

表 3-1　消火栓实例工程楼层信息情况表

楼层序号	层高 /m	室内地面标高 /m
首层	6	0
第 2 层	4.2	6
第 3 层	4.2	10.2
第 4 层	4.2	14.4
第 5 层	4.2	18.6
第 6 层	4.2	22.8
屋顶层	—	27

该实例图纸有说明图例材料表、1# 标准厂房一层消防平面图、1# 标准厂房二～四层消防平面图、1# 标准厂房五层消防平面图、1# 标准厂房屋顶消防平面图、消火栓系统图，设计范围为室内消火栓管道系统和厂房的消火栓工程。消火栓管道管径≤ DN100 时，采用热镀锌钢管，螺纹连接安装；消火栓管道管径＞ DN100 时，采用镀锌无缝钢管，沟槽连接安装。消火栓采用 SN65 型，栓口直径为 DN65，消火栓箱内还需要额外设置 2 具 3 公斤磷酸

铵盐手提式灭火器；管道穿楼板或穿墙时，需要额外设置套管。

此外，虽然2~4层共用一张图纸，但消防环状管道仅在第4层安装（图3-1），且环状管道安设在梁底下方。该工程对应的梁体结构图纸数据反映，各层的梁平均截面高为800mm，同时考虑管道管径和安装施工方便以及楼板厚度等原因，最终环状管道安装高度可定为安装楼层的层顶高度 -1.1m。

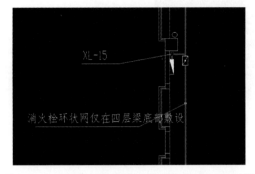

图3-1　2~4层平面图中消防环状管网仅在第4层安装

3.3　建模前的五项基本操作

3.3.1　新建工程

在进行新建工程操作时，在"工程专业"的下拉框中选择"消防"，"工程名称"设为"消火栓工程"，其余与给排水工程建模时相同（图3-2）。在确认选项设置无误后，单击 创建工程 图标按钮，完成新建工程的操作。

图3-2　消火栓工程"新建工程"对话框

3.3.2　工程设置

1. 楼层设置

参照之前给排水工程楼层设置的方法，结合表3-1，不难完成该实例工程的楼层设置。需要注意的是，图纸中2~4层使用同一张图纸，针对这种情况，可在"楼层设置"对话框中修改"相同层数"值。此外，在图3-1中，环状管网仅在第4层敷设，而余下的第2~3层均不敷设，因此，第4层需要单独设置。楼层设置的最终效果，如图3-3所示。

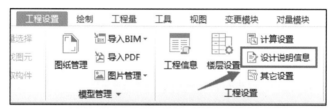

图 3-3　消火栓工程楼层设置最终效果

2. 设计说明信息修改

根据实例图纸中的设计要求，消火栓管道管径 ≤ DN100 时，采用热镀锌钢管，螺纹连接安装；消火栓管道管径 > DN100 时，采用镀锌无缝钢管，沟槽连接安装。这里需要通过相应设置进行修改，方便模型构件的创建，操作步骤如下。

操作 1：单击"设计说明信息"图标（图 3-4），弹出"设计说明信息"对话框。

图 3-4　单击"设计说明信息"图标按钮

操作 2：在"设计说明信息"对话框中，修改"消防水"→"消火栓灭火系统"中对应的材质名称和范围。材质名称利用手动输入即可，而适用范围则需通过单击对应的"管径范围"，在弹出的"设置管径范围"对话框中调整，如图 3-5 所示。

需要注意的是，默认设置中，镀锌钢管的管径 <100 时，采用螺纹连接；而管径 ≥100 时，则采用沟槽连接（图 3-6）。如果直接修改第 23 行的适用范围为管径 ≤100，软件会弹出错误冲突提示（图 3-7）。因此，这里应该先修改第 24 行的管道适用范围。注意这些，再利用手动输入修改材质名称，不难得到最终的修改效果，如图 3-8 所示。

在"设计说明信息"设置中，凡是修改过信息的单元格，都会以黄色标出。

图 3-5　范围调整

| 23 | 消火栓灭火系统 | 全部 | 镀锌钢管 | <100 | 螺纹连接 |
| 24 | 消火栓灭火系统 | 全部 | 镀锌钢管 | ≥100 | 沟槽连接 |

图 3-6　默认的管道信息和设置范围

图 3-7　冲突提示

设计说明信息更改

18	消防水				
19	喷淋灭火系统	全部	镀锌钢管	<100	螺纹连接
20	喷淋灭火系统	全部	镀锌钢管	≥100	沟槽连接
21	喷淋灭火系统	全部	无缝钢管	<100	螺纹连接
22	喷淋灭火系统	全部	无缝钢管	≥100	沟槽连接
23	消火栓灭火系统	全部	热镀锌钢管	≤100	螺纹连接
24	消火栓灭火系统	全部	镀锌无缝钢管	>100	沟槽连接

图 3-8　最终修改效果

3.3.3　导入图纸及其它操作

参照本书上一章的方法，导入"消火栓工程实例图纸"，完成分割定位和校验比例尺等后续操作即可。定位点同样可以选择轴线①和轴线Ⓐ的交点。此外，需要将"消火栓系统图"采用上一章介绍的"导出选中图纸"的方法导出，导出名称输入为"消火栓系统图"。各楼层配置好各自分割定位完毕的图纸，如图 3-9 所示。

	图纸名称	比例	楼层	楼层编号
1	消火栓工程实例图纸.dwg			
2	模型	1:1	首层	
3	1#标准厂房一层消防平面图	1:1	首层	1.1
4	1#标准厂房二--三层消防平面图	1:1	第2~3层	2~3.1
5	1#标准厂房四层消防平面图	1:1	第4层	4.1
6	1#标准厂房五层消防平面图	1:1	第5层	5.1
7	1#标准厂房屋顶消防平面图	1:1	屋顶层	6.1

图 3-9　分割定位完毕的图纸管理界面

消火栓工程图纸
分割注意事项

> **温馨提示：**
>
> 　　虽然第2~3层与第4层使用的是同一张图纸，但仅第4层存在环状管道，需要单独建立楼层。因此，在分割定位时，名称为"1#标准厂房二~四层消防平面图"的图纸，需要分割定位两次，一次配置为第2~3层，另一次配置为第4层。注意，两次分割后输入的图纸名称应不同，否则无法完成操作。

操作：双击图 3-9 中"图纸名称"这列的"1# 标准厂房一层消防平面图"，将绘图区切换至"1# 标准厂房一层消防平面图"状态，同时，楼层状态变为"首层"。

3.4　消火栓工程建模的一般流程

根据消火栓工程的算量特点，构件的创建顺序如图 3-10 所示。

图 3-10　消火栓管道工程构件的创建顺序

3.5 消火栓建模

在之前的章节中，设备、阀门或管道附件等统计个数的构件在建模时，主要采用"设备提量"方法来实现，而消火栓构件同样属于这种类型的构件，也可以使用这样的方法来建模。但在实际建模时，由于消火栓有其特殊性，一般不使用"设备提量"的方法来完成。这是因为每个消火栓中都需要有根短支管接到主干管（图3-11），而CAD图纸上该支管表示的图线往往较短，单独处理较耗费时间。

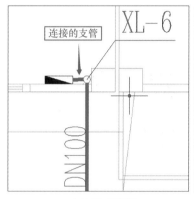 

a）CAD平面图　　　　　　b）实物图

图 3-11　消火栓支管连接图

针对这样的情况，软件增加了"消火栓"功能，操作步骤如下。

操作1：单击构件类型导航栏中 消火栓 图标按钮，如图3-12所示。

操作2：根据文字提示内容，选中图中的表示为消火栓的CAD图元，单击鼠标右键，完成确认。此时，软件弹出"识别消火栓"对话框。

操作3：在"识别消火栓"对话框中，单击"要识别成的消火栓"栏中的"扩展"按钮（图3-13）。这时在构件列表中，软件自动创建一个名为"XHS-1"的构件，并弹出"要识别成的构件"对话框。

图 3-12　启用"消火栓"

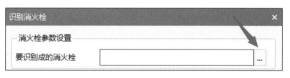

图 3-13　单击扩展按钮

操作4：根据设计说明要求，需要在"备注"栏中手动输入文字"带配套箱体，配 ϕ19 水枪，25m长DN65水龙带，箱内设两具3kg磷酸铵盐手提式灭火器"，最终修改效果如图3-14所示。单击 确认 图标按钮，该消火栓构件就被添加至对应栏中了。

操作5：在"识别消火栓"对话框中，将支管管径规格改为"DN65"，单击 确定 图标按钮（图3-15），这样在一层平面图中，带有短支管的消火栓在对应的CAD图元位置就完成了建模，如图3-16所示。

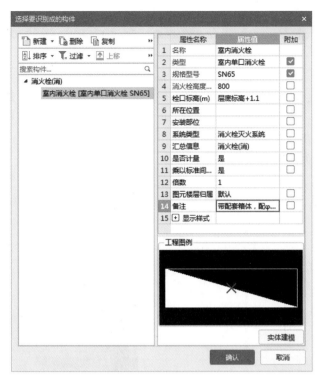

图 3-14　消火栓的属性设置

图 3-15　消火栓的最终设置

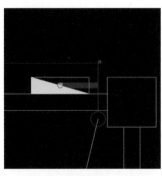

a) 平面图

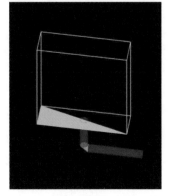

b) 三维图

图 3-16　识别出的消火栓及其连接支管

消火栓类型可在"单口"和"双口"间进行切换，而"栓口之间的距离"只针对双口消火栓才能设置。

"识别消火栓"对话框中的缩略图还提供了"侧入式"和"下入式"的连接选择，可根据设计要求或实际情况进行调整。本工程的消火栓适用于"下入式"。

> **温馨提示：**
> 使用"消火栓"功能进行消火栓建模时，只可在本层进行，无法跨层。

消火栓建模

3.6　模型检查——漏量检查

实例工程的建筑面积较大，消火栓分布较分散，如果不进行任何检查，极容易造成构件漏量，软件提供了相应的功能用以解决这样的问题，操作步骤如下。

操作1：单击 检查模型 图标按钮→ 漏量检查 图标按钮（图3-17），弹出"漏量检查"对话框。单击对话框下方 检查 图标按钮，软件迅速将检查结果显示在对话框中，如图3-18所示。经观察发现，还存有表示"消火栓"的CAD图元，且在右侧位置栏中显示为"首层（4）"。

图3-17　启用"漏量检查"

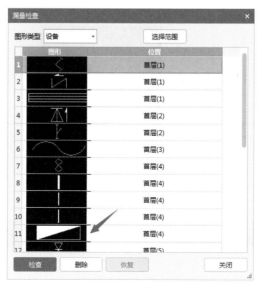

图3-18　漏量检查结果

该方法会将绘图区域内，尚未与软件的模型构件进行匹配的 CAD 图块全部检查出来，同时检查结果中会存在一些如门窗、卫生器具等非消火栓工程的图块，因此，检查结果还需要仔细甄别。此外，个别构件并未采用 CAD 图块的方式表达，这种构件是无法通过该方法检查出来的，只能人为检查，因此，非规范设计会对建模操作造成极大影响。

"位置"栏中的"首层"指该图元所处楼层，"（4）"表示这样的 CAD 图元有 4 个。

消火栓构件出现漏量的情况，是因为设计者在表达相同意义的构件时，用了存在一定差异的 CAD 图块。

操作 2：双击"位置"栏，则在绘图区域中迅速定位至该 CAD 图元所处位置，可以发现该 CAD 图元的确未被识别成消火栓构件，如图 3-19 所示。

操作 3：完成余下的消火栓图元的建模操作。

由于未被识别的消火栓图元与之前建模完成的有所差异，为保证模型建立效果，在"选择要识别成的构件"

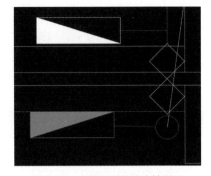

图 3-19　未被识别的消火栓图元

对话框中，应利用"复制"的方法，复制出一个属性相同的构件（图 3-20），该构件尚未与任何 CAD 图元进行匹配。将该构件载入"要识别成的消火栓"（图 3-21），完成余下的操作即可；若仍沿用原构件，将出现如图 3-22 所示的效果。该效果对数量统计结果没有影响，只会影响建模的质量。

图 3-20　复制出新的构件

图 3-21　添加至"要识别成的消火栓"

漏量检查

图 3-22　沿用原构件的建模效果

3.7　构件的批量选择

按照图 3-10 所示的建模顺序，接下来处理管道构件。单击构件类型导航栏中的"管道"

构件，由于之前处理消火栓建模时，自动生成了连接短接管，因此，在构件列表中并非空白，而是出现了一个名为"JXGD-1"的构件，如图3-23所示。观察它的构件属性，可以发现，除"名称"不符合要求外，构件的"材质"为"镀锌钢管"，而"连接方式"为空白，这都与设计要求有较大差距。

图 3-23 短接管的构件属性

这些属性中，"名称"和"材质"属于公共属性，而"连接方式"属于私有属性。随着应用的深入，越来越多自动生成的构件，其属性难以满足各种细节的需要，往往都需要单独处理，修改对应的属性。公共属性可以在构件列表中直接进行修改，而私有属性的修改，特别是在绘图区域已完成建模的构件，只能先选中再进行对应的修改。因此，快速选中这些构件是修改其私有属性的前提。批量选择的具体操作如下。

操作1：单击"工程量"选项卡→[批量选择]图标按钮（图3-24），弹出"批量选择构件图元"对话框。

操作2：勾选"批量选择构件图元"对话框中的"JXGD-1"构件，并单击[确定]图标按钮，如图3-25所示。

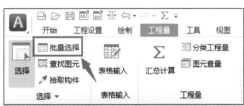

图 3-24 启用"批量选择"功能

这样，绘图区域中已建模的"JXGD-1"构件就都被选中了。

操作3：根据设计要求完成对应的属性修改，如图3-26所示。

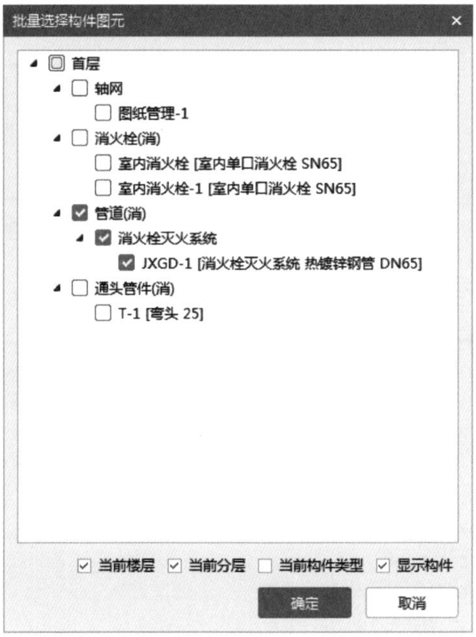

图 3-25 勾选对应构件

图 3-26 修改管道属性

"批量选择"功能非常适合在绘图区域中已建模的构件种类较多、需要一次性批量选中其中一种或多种构件的情况。灵活应用该功能，将极大提高构件建模的效率。

构件的批量选择

> **温馨提示：**
>
> 利用手动输入将构件名称修改为"消火栓连接支管 DN65"后，构件列表会自动创建一个"JXGD-1"构件，将该构件直接删除即可。

内容拓展

如图 3-27 所示，GQI 从 2017 版开始，在"批量选择构件图元"对话框下方增设了一些勾选项，通过勾选对应选项，可扩大或缩小对话框中的构件范围。如取消勾选"当前楼层"，则对话框内的构件将显示所有楼层的构件。

该操作比较简单，读者可自行尝试，特别是在完成所有楼层的模型构件后，效果会更加直观。

☑ 当前楼层　☑ 当前分层　☑ 当前构件类型　☑ 显示构件

图 3-27 "批量选择构件图元"对话框下方的勾选项

3.8 管道支架的设置

通常情况下，塑料给水或排水管道的塑料管道支架已包含在综合单价或预算定额内，因此，在给排水工程中不需要对管道支架进行额外的设置，但本实例工程必须对管道支架进行设置。

单击"消火栓连接支管 DN65"构件属性信息"支架"前的 ⊞，展开"支架"选项信息，如图 3-28 所示。

21	⊟ 支架	
22	支架间距(mm)	(0)
23	支架类型	
24	支架重量(Kg/个)	(0)

图 3-28 管道构件属性信息中"支架"展开内容

1. 支架间距

该选项需要根据图纸设计要求和相关国家标准才能进行正确的设置。图纸中并未单独对管道支架有额外的设计要求，因此，需要参看图纸的设计依据，如图 3-29 所示。

一、设计依据

1.《建筑给水排水设计标准》GB 50015-2019

2.《建筑灭火器配置设计规范》GB 50140-2005

3.《建筑给水排水及采暖工程施工质量验收规范》GB 50242-2002

4.《建筑设计防火规范》GB 50016-2014（2018年版）

5.《自动喷水灭火系统设计规范》GB 50084-2017

6.与本工程设计相关的其它现行国家建筑设计规范、规程和规定

图 3-29 实例工程中图纸的设计依据

《建筑给水排水及采暖工程施工质量验收规范》（GB 50242—2002）对于钢管水平安装的支架间距规定见表 3-2。

表 3-2　钢管水平管道支架间距要求（摘自 GB 50242—2002）

公称直径 /mm		15	20	25	32	40	50	70	80	100	125	150	200	250	300
支架最大间距 /m	保温管	2	2.5	2.5	2.5	3	3	4	4	4.5	6	7	7	8	8.5
	不保温管	2.5	3	3.5	4	4.5	5	6	6	6.5	7	8	9.5	11	12

此外，《建筑给水排水及采暖工程施工质量验收规范》（GB 50242—2002）中有关长立管管卡的间距要求为：

① 楼层高度小于或等于 5m，每层必须安装 1 个。

② 楼层高度大于 5m，每层不得少于 2 个。

③ 管卡安装高度，距地面应为 1.5~1.8m，2 个以上管卡应对称安装，同一房间管卡应安装在同一高度上。

水平管支架可按最接近的管径对应的间距要求进行设置（表 3-2），立管管卡根据安装的楼层高度区分。本实例工程中的层高有 6m 和 4.2m，根据标准要求可知：大于 5m 的需要设置两个支架；而小于或等于 5m 的，只需设置一个。因此，长立管的管道间距可设置为 2.5m，这样既可以满足层高为 6m 的楼层的管道支架设置要求，又可满足层高为 4.2m 的楼层的管道支架设置需要，同时，还节省了反复设置的时间。

"消火栓连接支管 DN65"构件大部分属于水平管，连接消火栓的弯曲的短立管（图 3-16b）不属于长立管的范畴，无须考虑支架。

2. 支架类型

图纸信息并未对管道支架采用的类型作出具体的规定。由于管道支架的国家标准或地区、行业设计标准较多，因此，无法确定本实例工程所用的支架类型，也无法确定管道支架的重量。

设置好支架间距就能计算出管道支架的数量了，而管道支架的类型需要等待设计者针对该部分追加设计，补充参考的标准，才能进行处理，具体操作如下。

操作：按照图 3-30，将"支架间距（mm）"设为"6000"，只考虑水平管道安装管道支架即可。

21	⊟ 支架	
22	支架间距(mm)	6000
23	支架类型	
24	支架重量(Kg/个)	(0)

图 3-30　设置完毕的管道支架属性

管道支架的设置

3.9　立管构件建模——识别管道系统图

观察本实例工程中的消火栓系统图，与给排水系统图相比，立管的数目很多，每根立管都有单独的编号，且每根立管的起止点不尽相同，此外，这些立管在平面图中的位置比较分散，并没有规律可循。若仍采用给排水立管的建模方法，不仅操作繁琐浪费时间，而且容易出错，也不便于后期管理。针对这样的情况，软件提供了识别管道系统图的功能。

在识别管道系统图之前，需要先了解构件的标高信息输入形式以及本实例工程各起止点标高的情况。

3.9.1　构件的标高信息输入形式

在图 3-23 中，自动生成的短立管构件标高首次出现了汉字加数字的形式，即"层底标高 +0.8"，这与给排水工程直接输入数字的形式有较大差别。构件标高的输入形式，主要有三种，如图 3-31 所示。

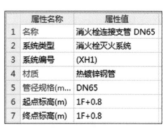

	属性名称	属性值
1	名称	消火栓连接支管 DN65
2	系统类型	消火栓灭火系统
3	系统编号	(XH1)
4	材质	热镀锌钢管
5	管径规格(m...	DN65
6	起点标高(m)	0.8
7	终点标高(m)	0.8

a) 直接输入数字

	属性名称	属性值
1	名称	消火栓连接支管 DN65
2	系统类型	消火栓灭火系统
3	系统编号	(XH1)
4	材质	热镀锌钢管
5	管径规格(m...	DN65
6	起点标高(m)	层底标高+0.8
7	终点标高(m)	层底标高+0.8

b) 汉字 + 数字

	属性名称	属性值
1	名称	消火栓连接支管 DN65
2	系统类型	消火栓灭火系统
3	系统编号	(XH1)
4	材质	热镀锌钢管
5	管径规格(m...	DN65
6	起点标高(m)	1F+0.8
7	终点标高(m)	1F+0.8

c) 楼层序号 + 数字

图 3-31　构件标高输入的形式

对于本实例工程，这三种输入形式的结果都相同，但本质上存在较大的差异。

1. 直接输入数字的形式

这种形式表示的标高，是指相对于 ±0.000 的高度，即距首层室内地面 0.8m。在非首层或首层不为 ±0.000 时，使用该输入形式，应特别注意标高值。

2. "汉字 + 数字"的形式

这种形式中的汉字输入只有"层顶标高"和"层底标高"这两种选择，其它输入方式均不符合软件规定。如图 3-31b 中输入"层底标高 +0.8"，指当前楼层层底标高向上 0.8m，对于本实例工程，即 +0.800m；而输入"层底标高 -0.8"是指当前楼层层底标高向下 0.8m，对于本实例工程，即位于地下的 -0.800m。直接输入"层顶标高"或"层底标高"等同于"层顶标高 ±0.0"或"层底标高 ±0.0"。这种形式非常适合于构件相对于每层楼的地面或层顶来表达安装高度的情况。

3. "楼层序号 + 数字"的形式

这种形式中的楼层序号只能是"数字 +F"的组合，对于本实例工程，如第 1 层即手动输入"1F"，第 2 层即"2F"。数字对应的是楼层设置中的"编码"，如图 3-32 所示。由于本实例工程没有负一层，因此手动输入" -1F"将会报错。图 3-31c 中输入"1F+0.8"，即高于软件设置第 1 层地面标高 0.8m。这种形式与"汉字 + 数字"形式比较相似，比较适合于统一处理竖向构件的情况。需要注意的是，当考虑在楼层之间设置夹层时，由于楼层名称与编码会出现不匹配的情况，如图 3-33 中第 3 层的编码为 4，因此应慎用此种方式来输入标高。

读者可以尝试将楼层设置中首层层底标高改为非 0 的其它数值，或将楼层状态切换至"第 2 层"，再利用"直线"功能绘制图 3-31 中三种不同形式的标高的构件，来体会这些构件的建模效果。

图 3-32 楼层设置中的"编码"

图 3-33 楼层之间有夹层的情况

标高信息的输入形式

3.9.2 立管的起点和终点标高

消火栓系统图中,所有立管的起点标高都是相同的,为 -2.6m,但终点标高差异较大,且部分管道中途还发生了变径。根据这些情况,将立管进行了分类,见表 3-3。

表 3-3 立管终点标高分类表

分类序号	立 管 编 号	管道终点标高的情况
1	XL-10,XL-11,XL-12,XL-13,XL-14,XL-15	DN100 管道至四层梁底部接环状管道敷设
2	XL-2,XL-3,XL-4,XL-6,XL-7,XL-8,XL-16,XL-17	DN100 管道至五层梁底部接环状管道敷设
3	XL-5	DN100 管道至屋顶消防水箱接管处
4	XL-1,XL-9	DN100 管道至五层梁底部接环状管道敷设,之后变径成 DN65 管道至屋顶层消火栓

根据实例图纸分析可知,沿梁底部敷设的环状管道安装高度为层顶高度 -1.1m。软件的默认设置为当前楼层的层顶标高等于上一楼层的层底标高。因此,分类序号 1 和 2 的立管终点标高分别按"5F-1.1"和"6F-1.1"输入即可。分类序号 3 的立管,根据消火栓系统图的要求,需设置为"27.000"。分类序号 4 的立管,由于有管径变化,管道被分成了两部分,变径前按序号 2 的立管输入即可,变径后的管道起点标高等于变径前的管道的终点标高,而变径后的管道需要连接屋顶消火栓,屋顶消火栓接管的安装高度与其它楼层情况相同,同样为距安装地面 0.8m,即层底标高 +0.8m。系统图中所有立管的标高信息,可见表 3-4。

表 3-4 立管编号及标高信息

分类序号	立 管 编 号	管径规格 /mm	起点标高 /m	终点标高 /m
1	XL-10,XL-11,XL-12,XL-13,XL-14,XL-15	DN100	-2.6	5F-1.1
2	XL-2,XL-3,XL-4,XL-6,XL-7,XL-8,XL-16,XL-17	DN100	-2.6	6F-1.1
3	XL-5	DN100	-2.6	27
4	XL-1,XL-9	DN100	-2.6	6F-1.1
		DN65	6F-1.1	6F+0.8

3.9.3　识别管道系统图

识别管道系统图具体操作如下。

操作1：按照本书第二章所述方法，将之前导出的"消火栓系统图"插入到绘图区域中。

操作2：确保构件处于"管道"构件类型的选中状态，单击 系统图 图标按钮，如图 3-34 所示。此时，弹出"识别管道系统图"对话框。

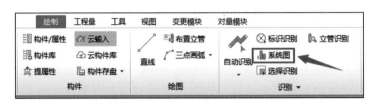

图 3-34　启用"系统图"功能

操作3：单击"识别管道系统图"对话框 提取系统图 图标按钮，此时，对话框消失。根据文字提示栏内容"选择一根表示立管的竖直 CAD 线及一个代表系统编号的标识，右键确定该立管信息或者 ESC 退出，可确定多根立管后再次右键进行提取立管信息"，依次单击系统图中表示立管的竖直 CAD 线和对应立管编号的 CAD 标识（这里以 XL-10 立管为例进行操作），单击鼠标右键，这时，立管编号恢复成原来的颜色，而表示立管的竖直 CAD 线仍处于被选中状态的深蓝色。这样，该立管就完成了提取工作。

操作4：按照上述操作方法，完成余下立管的提取，提取的顺序请按照表 3-4 中的分类序号和立管编号执行，方便后续操作。

操作5：单击鼠标右键，回到"识别管道系统图"对话框，出现之前提取立管的信息，如图 3-35 所示。

	系统编号	构件名称	管径规格(mm)	起点标高(m)	终点标高(m)	系统类型
1	XL-10	XL-10-DN100	DN100			消火栓灭火系统
2	XL-11	XL-11-DN100	DN100			消火栓灭火系统
3	XL-12	XL-12-DN100	DN100			消火栓灭火系统
4	XL-13	XL-13-DN100	DN100			消火栓灭火系统
5	XL-14	XL-14-DN100	DN100			消火栓灭火系统
6	XL-15	XL-15-DN100	DN100			消火栓灭火系统
7	XL-2	XL-2-DN100	DN100			消火栓灭火系统
8	XL-3	XL-3-DN100	DN100			消火栓灭火系统
9	XL-4	XL-4-DN100	DN100			消火栓灭火系统
10	XL-6	XL-6-DN100	DN100			消火栓灭火系统
11	XL-7	XL-7-DN100	DN100			消火栓灭火系统
12	XL-8	XL-8-DN100	DN100			消火栓灭火系统
13	XL-16	XL-16-DN100	DN100			消火栓灭火系统
14	XL-17	XL-17-DN100	DN100			消火栓灭火系统
15	XL-5	XL-5-DN100	DN100			消火栓灭火系统
16	XL-1	XL-1-DN65	DN65			消火栓灭火系统
17	XL-1	XL-1-DN100	DN100			消火栓灭火系统
18	XL-9	XL-9-DN100	DN100			消火栓灭火系统

图 3-35　立管信息被提取进对话框

操作 6：系统图中立管 XL-9 发生了变径，但在提取的对话框中，并未出现 XL-9 变径后的信息。这里，可通过单击对话框上方的 添加行 图标按钮，手动添加 XL-9 变径后的信息，如图 3-36 所示。

| 18 | XL-9 | XL-9-DN100 | DN100 | | 消火栓灭火系统 |
| 19 | XL-9 | XL-9-DN65 | DN65 | | 消火栓灭火系统 |

图 3-36　新添加的 XL-9-DN65 单元格

操作 7：按照表 3-4，将起点标高和终点标高，录入到对话框中对应的单元格中即可。

需要注意的是，在输入标高数值的单元格右下侧，有一个方形的小点，如图 3-37 所示。将光标移至该处，光标会变成黑色十字。此时，按住鼠标左键不动，向下拖动，可实现单元格信息的复制，从而实现相同信息的快速录入。这个操作方式参考了 Excel 快速复制填充的方法，是进行"系统图属性"数据录入的有效手段。按照表 3-4 中的分类序号和立管编号执行，将使得单元格录入工作变得非常快捷。

按照上述方法，不难完成所有立管构件的标高信息录入。此时，下方图标按钮亮显，表示该功能可使用，如图 3-38 所示。

5F-1.1(17.500)

图 3-37　单元格右下侧的方形小点

	系统编号	构件名称	管径规格(mm)	起点标高(m)	终点标高(m)	系统类型
1	XL-10	XL-10-DN100	DN100	-2.6	5F-1.1(17.500)	消火栓灭火系统
2	XL-11	XL-11-DN100	DN100	-2.6	5F-1.1(17.500)	消火栓灭火系统
3	XL-12	XL-12-DN100	DN100	-2.6	5F-1.1(17.500)	消火栓灭火系统
4	XL-13	XL-13-DN100	DN100	-2.6	5F-1.1(17.500)	消火栓灭火系统
5	XL-14	XL-14-DN100	DN100	-2.6	5F-1.1(17.500)	消火栓灭火系统
6	XL-15	XL-15-DN100	DN100	-2.6	5F-1.1(17.500)	消火栓灭火系统
7	XL-2	XL-2-DN100	DN100	-2.6	6F-1.1(21.700)	消火栓灭火系统
8	XL-3	XL-3-DN100	DN100	-2.6	6F-1.1(21.700)	消火栓灭火系统
9	XL-4	XL-4-DN100	DN100	-2.6	6F-1.1(21.700)	消火栓灭火系统
10	XL-6	XL-6-DN100	DN100	-2.6	6F-1.1(21.700)	消火栓灭火系统
11	XL-7	XL-7-DN100	DN100	-2.6	6F-1.1(21.700)	消火栓灭火系统
12	XL-8	XL-8-DN100	DN100	-2.6	6F-1.1(21.700)	消火栓灭火系统
13	XL-16	XL-16-DN100	DN100	-2.6	6F-1.1(21.700)	消火栓灭火系统
14	XL-17	XL-17-DN100	DN100	-2.6	6F-1.1(21.700)	消火栓灭火系统
15	XL-5	XL-5-DN100	DN100	-2.6	27	消火栓灭火系统
16	XL-1	XL-1-DN65	DN65	6F-1.1(21.700)	6F+0.8(23.600)	消火栓灭火系统
17	XL-1	XL-1-DN100	DN100	-2.6	6F-1.1(21.700)	消火栓灭火系统
18	XL-9	XL-9-DN100	DN100	-2.6	6F-1.1(21.700)	消火栓灭火系统
19	XL-9	XL-9-DN65	DN65	6F-1.1(21.700)	6F+0.8(23.600)	消火栓灭火系统

生成构件　　取消

图 3-38　标高信息录入完成

操作 8：单击图 3-38 对话框的最左上角（即图 3-38 中的红框），对话框内所有单元格被选中。此时可更改"立管辅助属性"栏中的"材质""连接方式""支架间距"三项内容，如图 3-39 所示。

本书 3.8 节中已说明长立管的间距布置要求，即当楼层高度小于或等于 5m 时，每层必须安装 1 个；当楼层高度大于 5m，每层不得少于 2 个。

本实例工程中，首层层高为 6m，需要设置 2 个；而其它楼层的层高为 4.2m，可只设置一个。在录入支架间距时，应确保同时满足首层和其它楼层的支架数量要求。这里，将支架间距设为 2500~3000 之间均可实现，本书此处设为 2500。

操作 9：单击对话框下方 生成构件 图标按钮，则在"构件系统树"栏中，将按立管编号和管径自动生成构件，如图 3-40 所示。

立管辅助属性	
属性名称	属性值
1 材质	热镀锌钢管
2 管件材质	(钢制)
3 连接方式	(螺纹连接)
4 所在位置	
5 安装部位	
6 汇总信息	管道(消)
7 备注	
8 ☐ 支架	
9 ── 支架间距(mm)	2500
10 ── 支架类型	
11 ── 支架重量(Kg/个)	(0)
12 ☐ 刷油保温	

图 3-39 修改完成的立管辅助属性

构件系统树	
🔗 智能布置 📐 手动布置 ✛ 全部展开 ─ 全部折叠	
系统类型/系统编号/构件名称	是否布置
1 ☐ 消防	
2 ☐ 消火栓灭火系统	
3 ☐ XL-1	未完成
4 ── XL-1-DN65	否
5 ── XL-1-DN100	否
6 ☐ XL-10	未完成
7 ── XL-10-DN100	否
8 ☐ XL-11	未完成
9 ── XL-11-DN100	否

图 3-40 "构件系统树"栏生成的构件

操作 10：单击 🔗 智能布置 图标按钮，弹出"布置结果"对话框。单击下方 确定 图标按钮，则在绘图区域内，立管就完成了建模操作，且"构件系统树"栏也发生了改变，提示完成了构件的布置操作，如图 3-41 所示。

在面对立管数目多、位置分散的工程时，采用系统图处理立管构件是一种非常高效的建模方式，读者应根据工程特点选择合适的方法。

识别管道系统图

系统类型/系统编号/构件名称	是否布置
1 ☐ 消防	
2 ☐ 消火栓灭火系统	
3 ☐ XL-1	完成
4 ── XL-1-DN65	是
5 ── XL-1-DN100	是

图 3-41 "构件系统树"栏发生了变化

3.10 消火栓管道建模——自动识别

处理完立管的建模操作后，接着，进行水平管的建模。在给排水工程中，水平管的建模主要使用"选择识别"的方法来处理，只有在个别情况使用"选择识别"处理效果不佳时，才考虑使用"直线"的方法来完成。由于本实例工程的管道敷设不再像之前的给排水管道实例工程那么单一，因此，若继续使用上述两种方法，则会降低建模操作的效率。软件提供了"自动识别"的方法来处理，具体操作如下。

操作 1：确保"管道"构件类型处于选中状态，单击"自动识别"图标按钮，在下方展开的选项中，单击 按系统编号识别 图标按钮，如图 3-42 所示，启用该功能。

操作2：根据文字提示，选中图中表示为消火栓管道的 CAD 线及管径标识，单击鼠标右键，完成确认，此时，软件弹出"管道构件信息"对话框，如图 3-43 所示。

图 3-42　启用"按系统编号识别"功能

操作3：在"管道构件信息"对话框中，将"材质"设置为"热镀锌钢管"，再单击 建立/匹配构件 图标按钮。此时，"DN100"行出现了构件名称"GD-1"。

图 3-43　"管道构件信息"对话框

操作4：单击"GD-1"单元格，再单击单元格出现的展开按钮（图 3-44），弹出"选择要识别成的构件"对话框，如图 3-45 所示。

标识	反查	构件名称	
1	没有对应标注的管线	路径1	
2	DN100	路径2	GD-1

图 3-44　单击单元格的展开按钮

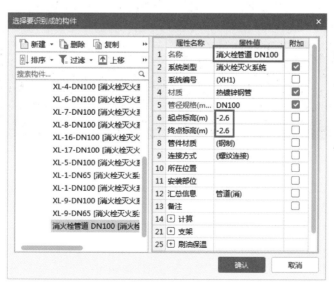

图 3-45　更改构件属性

操作 5：根据图纸要求和用户习惯，修改"GD-1"构件的"名称""起点标高"和"终点标高"三项属性，并单击 确认 图标按钮，完成构件信息更改，如图 3-45 所示。

温馨提示：
首层中 DN100 的消火栓管道处于地下，因此，无须额外对支架进行设置。

操作 6：在"管道构件信息"对话框中，单击"反查"单元格中的展开按钮，如图 3-46 所示。此时，对话框消失，绘图区域中出现绿色闪烁的图线，这些图线是软件初次匹配时认定的 DN100 消火栓管道的布置路径。

标识	反查		构件名称
1	没有对应标注的管线	路径1	
2	DN100	路径2	...	消火栓管道 DN100

图 3-46　单击"反查"展开按钮

为突出显示效果，可将 CAD 图亮度适当调低。经观察发现，在 XL-17 立管附近，有两段图线未被软件成功识别，如图 3-47 所示。

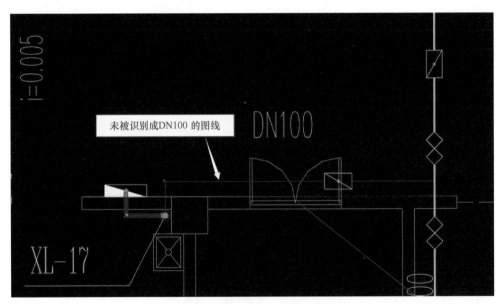

图 3-47　未被识别成 DN100 的图线

操作 7：单击这两段图线，弹出"是否确定"的提示框。单击 是 图标按钮，完成更改。这样，这两段图线也会被软件认定为 DN100 的管道路径，并以绿色闪烁。

若软件误识别了不需要识别的图线，则可单击已被软件提取的绿色闪烁图线，取消该段图线的认定，那么，这些图线便不会参与软件的后续操作了。

操作 8：按照操作 6~ 操作 7 的方法，反查图 3-44 中"没有对应标注的管线"的管道路径。

经观察发现，反查时，出现绿色闪烁图线的位置只有消火栓连接支管 DN65。该处已在之前消火栓识别的操作中自动生成了管道构件，因此，无须单击选中或取消处理，只需保留默认的空白内容即可。

操作 9：最终完成的"管道构件信息"对话框如图 3-48 所示。单击 确定 图标按钮，便完成了消防管道 DN100 构件的布置。

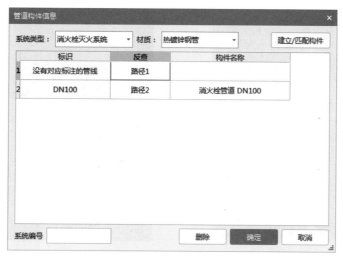

图 3-48 最终完成的"管道构件信息"对话框效果

使用"自动识别"方法，能极大地提高管道构件的识别效率。除构件颜色外，仍有一些地方需要注意。"自动识别"建模的水平管构件与立管之间仍有空隙（图 3-49），还需使用延伸水平管来处理，而部分消火栓支管与干管之间并没有任何连接，需要使用"直线"功能，单独处理这些问题。

消火栓管道的自动识别

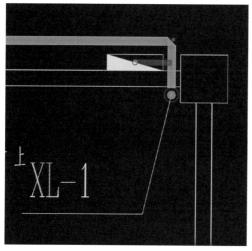

a) 平面图

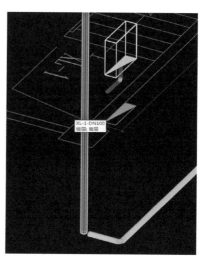

b) 三维图

图 3-49 "自动识别"建模还需处理的细节问题

3.11　上下交叉而不连接管道的处理——扣立管

在轴线⑪与轴线Ⓐ交点处附近，有两根管道发生交叉并连接形成了管道接头，如图 3-50 所示。而实际上 CAD 图纸中该位置为两根上下交叉而并不相连的管线，如图 3-51 所示，说明管道的建模效果与实际情况有较大差异。

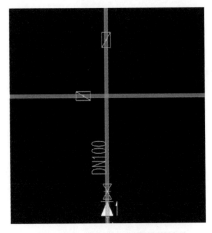

图 3-50　管道交叉形成管道接头

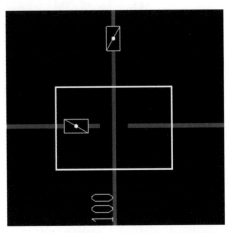

图 3-51　实际图纸中为交叉但不连接的管线

根据管道工程的制图标准，X 方向发生断开的管线处于较低的位置，而 Y 方向连续的管线处于较高的位置，这样，两个方向的管道才能在不发生连接的情况下，进行 X、Y 方向的上下交叉布置。根据图纸可知，两个方向的管道标高都是 −2.6m，如果重新设定一个新的标高，不符合设计的要求和实际施工需要，因此，最简单的处理方式就是使 X 方向的管道绕开 Y 方向的管道，具体操作如下。

操作 1：确保"管道"构件类型处于选中状态，单击"二次编辑"功能栏中的 扣立管 图标按钮，启用该功能，如图 3-52 所示。

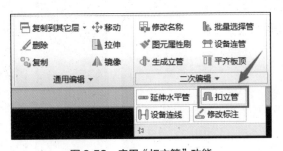

图 3-52　启用"扣立管"功能

操作 2：根据文字提示，单击 X 向管道即在 Y 向管道左侧的部分，这时，文字提示为"在管道上确认起扣点位置"。单击管道上的一个位置，这时，在点中的位置出现一个"×"，即管道的起扣点，如图 3-53 所示。接着，再按照文字提示"请按鼠标左键选择需要改变标高的那一段管道"，单击"×"右侧的蓝色管道的一个位置，确定起扣方向，弹出"请输入标高差值"对话框，如图 3-54 所示。

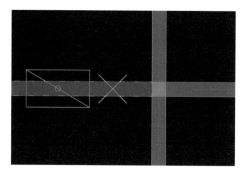

图 3-53　确定起扣点

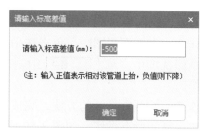

图 3-54　输入标高差值

按照对话框内的文字提示，输入正值表示管道的当前标高被升高，输入负值表示管道的当前标高被降低。X 向的管道比 Y 向管道的标高低，才能出现在交叉点有断开的 CAD 图线。

操作 3：在"请输入标高差值（mm）"栏中输入"-500"，再单击下方 确定 图标按钮，完成操作。

软件将以"×"起扣点为起点，在"×"右边一侧降低被选中的管道标高，并在起扣点位置和 X、Y 向管道连接点的位置生成立管，如图 3-55 所示。

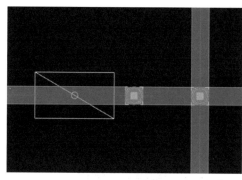

a) 平面效果图

b) 建模效果图

图 3-55　左侧管起扣点操作效果

操作 4：按照操作 1～操作 3 的方法，再对 X 向管道在 Y 向管道右侧的部分也进行起扣点处理。注意右侧点的起扣方向为左侧。这时，右侧的起扣点位置也生成立管，如图 3-56 所示。

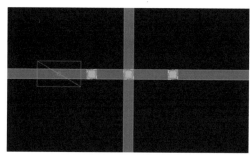

a) 平面效果图

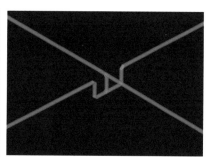

b) 建模效果图

图 3-56　起扣点操作完毕效果

操作 5：在平面视图中利用鼠标框选，或在三维视图中单击选中交叉位置处多余的立管，将其删除，如图 3-57 所示，可以发现，X 向管已绕过 Y 向管，而原 X、Y 向管道连接点位置，仍然还有管件，需要进行二次处理。

操作 6：在平面视图中，单击选中交叉点位置左右两侧的两段管道，单击鼠标右键，在展开的功能选项中，单击 合并 图标按钮，启用该功能（图 3-58），软件提示"合并成功"，完成操作。

操作 7：按照操作 6 的方法，完成交叉点位置上下两端管道的合并操作。这样，就完成了该处扣立管的所有操作，如图 3-59 所示。

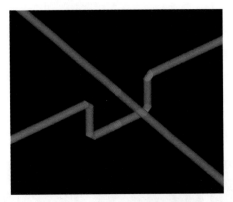

图 3-57　删除立管构件的效果

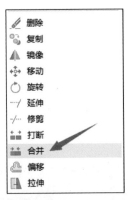

图 3-58　启用"合并"功能

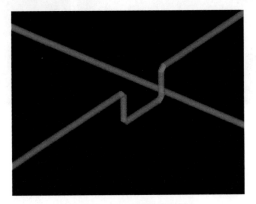

扣立管

图 3-59　扣立管的最终效果

3.12　跨层构件的显示

完成首层的消火栓和管道建模后，接着，切换至其它楼层，完成余下楼层的消火栓和管道构件的建模操作。

需要注意的是，在其它楼层中，由于立管均是从首层布置的，为了方便水平管道与立管的连接，需要打开对应选项，方便在楼层中显示，便于后续的建模操作，具体操作如下。

操作 1：单击"工具"选项卡，切换功能区。接着，单击"选项"图标按钮（图 3-60），弹出"选项"对话框。

图 3-60　单击"选项"图标按钮

操作 2：如图 3-61 所示，在"选项"对话框中，单击"其它"选项卡，并勾选"显示跨层图元"选项，单击 确定 图标按钮，完成操作。这样，在首层完成建模的立管构件也会在穿过其它楼层时显示出来。

图 3-61　勾选"显示跨层图元"

图 3-61 中的其它选项，将会在本书后续章节中结合实例进行说明。

温馨提示：

有时软件也会直接显示跨层构件，"选项"对话框中的部分设置可能在本次操作之前已被修改。

3.13　复制图元到其它楼层

处理完成第 2~3 层的消火栓及其连接支管的建模后，将楼层切换至第 4 层。在第 4 层中，除了环状管网及配套管道附件外，其余构件均与第 2~3 层的构件完全相同。可以利用软件提供的复制功能，将相同构件复制过去，从而避免重复操作。具体操作如下。

操作 1：确保"管道"构件类型处于选中状态，单击 复制到其它层 · 右侧的▼按钮，在展开的选项中，单击 从其它层复制 图标按钮，启用该功能，如图 3-62 所示。此时，弹出"从其它层复制"对话框。

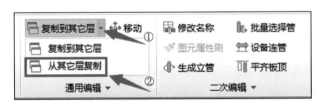

图 3-62　启用"从其它层复制"

操作 2：确认对话框中"源楼层选择""图元选择"以及"目标楼层选择"如图 3-63 所示，单击下方 确定 图标按钮，完成操作。

图 3-63　"从其它层复制"对话框

这时，软件出现进度提示框，提示正在处理。处理完毕后，弹出提示框，提示复制完成。单击 确定 图标按钮，这样，第 2~3 层的构件就被复制到第 4 层了。

再按照本章的相关操作方法，完成第 4 层及余下楼层的管道构件的建模操作即可。

3.14　"设备提量"中楼层范围的设定

按照消火栓工程建模的一般流程，处理阀门及管道附件，其操作方法与给排水工程中处理阀门与管道附件类似。

由于同种类型的阀门和管道附件构件在不同楼层都会重复出现，为避免重复操作，软件在"设备提量"中加入了额外的功能选项，具体操作如下。

操作1：进行"设备提量"操作时，在"选择要识别成的构件"对话框中，单击"选择楼层"图标按钮，如图3-64所示，这时，弹出"选择楼层"对话框。

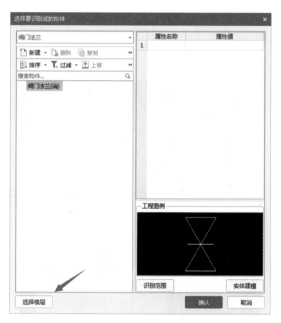

图3-64　设置楼层识别范围

操作2：在"选择楼层"对话框中，勾选"所有楼层"，单击 确定 图标按钮，如图3-65所示，完成操作。

a) 全选前　　　　　　　　b) 全选后

图3-65　勾选"所有楼层"

这样，软件就会以已创建的所有楼层为设备提量的识别范围，完成对应的建模操作。

利用"漏量检查"和扩大楼层识别范围的方法，不难把阀门和管道附件构件全部建模完毕。

3.15　零星工程量计算

按照上一章给排水工程的处理方法，完成穿楼板套管的建模，这样，平面图中的所有构件都已完成建模。

检查图纸发现，有一些构件在平面图不存在，只有在系统图上才能统计。这些需要单独计算的构件主要是立管上的蝶阀以及屋顶层上的稳压罐和消防水箱，如图 3-66 和图 3-67 所示。

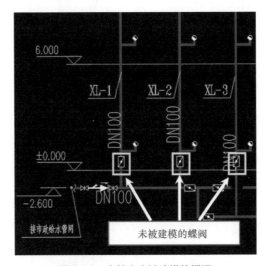

图 3-66　立管上未被建模的蝶阀

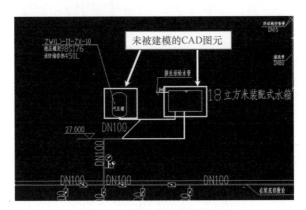

图 3-67　系统上未被建模的构件

由于在平面图中未作对应的设计，因此，无法在平面图中进行建模，但可在系统图中利用软件对应功能统计出来。但由于缺少平面图的对应设计，其模型除统计工程量外，并没有其它用途。

3.15.1　零星消防设备建模

首先对稳压罐和消防水箱构件进行建模，具体操作如下。

操作 1：单击构件类型导航栏中"消防设备（消）"，进行"消防设备"新建操作。

操作 2：在新建构件时，除"名称""类型""规格型号"以及"备注"外，其它属性信息无须设置，如图 3-68 和图 3-69 所示。

	属性名称	属性值	附加
1	名称	消防水箱 18m3	
2	类型	消防水箱	☑
3	规格型号	4×2×2.5	☑
4	设备高度(m...	2500	☐
5	标高(m)	层底标高	☐
6	所在位置		☐
7	安装部位		☐
8	系统类型	消火栓灭火系统	☐
9	汇总信息	消防设备(消)	☐
10	是否计量	是	☐
11	乘以标准间...	是	☐
12	倍数	1	☐
13	图元楼层归属	默认	☐
14	备注	安装详见02S101P17	☐
15	⊞ 显示样式		

图 3-68　"消防水箱"构件属性信息

	属性名称	属性值	附加
1	名称	气压罐 ZW(L)-II-ZX-...	
2	类型	气压罐	☑
3	规格型号	ZW(L)-II-ZX-10	☑
4	设备高度(m...	0	☐
5	标高(m)	层底标高	☐
6	所在位置		☐
7	安装部位		☐
8	系统类型	消火栓灭火系统	☐
9	汇总信息	消防设备(消)	☐
10	是否计量	是	☐
11	乘以标准间...	是	☐
12	倍数	1	☐
13	图元楼层归属	默认	☐
14	备注	450L，安装见98S176	☐
15	⊞ 显示样式		

图 3-69　稳压罐构件属性信息

之后，使用"设备提量"的方法，完成对不同的 CAD 图元的"设备提量"处理即可。

3.15.2　点选布置构件

接着，处理立管的蝶阀，统计蝶阀的个数。

在之前的章节中，处理阀门构件的工程量时，需要先完成管道构件建模，才可建立阀门的模型。由于管道构件已在平面图建模完毕，因此，这里再处理管道构件已无实际意义，只需在计算阀门数量时，做到不漏项，保证最后能统计出阀门的数量即可。

采用在"消防设备"构件类型中新建构件建模的方法，就可以避开管道构件必须存在的限制，实现阀门构件的建模，方便数量的统计。但需注意的是，系统图中不仅立管有蝶阀，水平管也有同样的蝶阀，而水平管的蝶阀已在之前的操作中识别完毕。为避免重复，不能采用图例识别的方法，而应采用点选布置的方法，具体操作如下。

操作 1：确保"消防设备（消）"构件类型处于点选状态，新建"蝶阀"构件，并修改构件属性信息，如图 3-70 所示。

由于没有管道，且该方法仅仅是为了统计数量，而非正常的阀门建模方法，因此，必须使蝶阀属性信息中的规格型号描述正确，这样，软件才能计算出对应规格的构件。本工程中，安装在立管的蝶阀规格，除 DN100 外，还有 DN65，而 DN65 的蝶阀安装在接屋顶消火栓的支管上，仅有两个。

操作 2：单击功能区中"点"图标按钮，激活该功能，如图 3-71 所示。

操作 3：根据文字提示栏中的内容，单击立管上蝶阀 DN100 对应的位置，这样，在 CAD 图元的位置就会有构件被布置上去（图 3-72），从而达到统计数量的目的。

图 3-70　新建阀门构件

图 3-71　单击"点"图标按钮

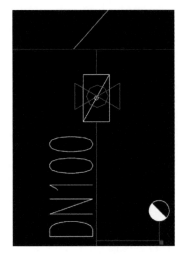

图 3-72　被点选布置上的蝶阀构件

操作 4：按照上述方法，依次单击各根立管上的蝶阀，完成蝶阀构件手动布置操作。

操作 5：布置完蝶阀 DN100 后，再新建蝶阀 DN65，按照同样的方法布置上去。

零星消防工程量
的处理方法

温馨提示：

由于蝶阀 DN65 仅有两个，因此处理蝶阀构件时，可先采用"设备提量"的方法提取出所有的蝶阀 DN100，再用单独点选或框选的方式，删除水平管道的蝶阀（安装在水平管道的蝶阀已在平面图中完成建模，不可重复，需要删除），并修改蝶阀 DN65 对应位置的构件属性。但这样的方法，只适合阀门规格唯一或不同规格类型较少的情况。

第四章 | 喷淋工程建模

4.1 喷淋工程的算量特点

喷淋工程的计算重点和难点在于管道，此外，喷淋的覆盖范围较广，对于管道出水量的要求也很高，喷淋工程具备下列特点：喷头数量多，管道管径变化频繁，连接支管繁琐，阀门及其它管道附件规格繁多。

针对喷淋工程这样的特点，需要对下列内容进行建模：喷头、管道、管道阀门及管道附件、管件及管道支架和其它构件。

了解到这些，按照软件规定的操作方法进行操作，就可建立正确、完整的模型，进而保证工程量的准确性和完整性。

4.2 实例图纸情况分析

这里采用的实例是一栋医院的门诊大楼，其楼层信息见表 4-1。

表 4-1 喷淋工程楼层信息情况表

楼层序号	层高 /m	室内地面标高 /m
负 1 层	5.2	−5.2
首层	4.2	0
第 2 层	3.6	4.2
第 3 层	3.6	7.8
第 4 层	3.6	11.4
第 5 层	3.6	15
第 6 层	3.6	18.6
第 7 层	3.6	22.2
第 8 层	3.6	25.8
屋顶层	—	29.4

该实例的图纸分别为图例及主要设备材料表、设计说明、负一层喷淋布置平面图、一层喷淋布置平面图、二层喷淋布置平面图、三层喷淋布置平面图、四层喷淋布置平面图、五层喷淋布置平面图、六层喷淋布置平面图、七层喷淋布置平面图、八层喷淋布置平面图、喷淋系统原理图，设计范围为医院的喷淋工程。喷淋管道管径≤DN100 时，采用镀锌钢管，螺纹连接安装；而当管道管径＞DN100 时，采用镀锌钢管，沟槽连接安装。管道穿楼板或穿墙时，需要设置钢套管。

根据喷淋系统原理图，负一层和首层喷淋水平管道安设在梁下方。此外，直立型喷头距顶板 100mm，下垂型喷头距安装地面不少于 2.8m。由于第 2~8 层的层高问题，水平管道若仍考虑沿梁底敷设，喷头的安装高度将无法满足设计要求。因此，第 2~8 层的安装高度应高于或与梁底平齐，遇梁碰撞时，再考虑绕开即可。喷淋水平管道的安装高度见表 4-2。

表 4-2　各楼层喷淋水平管道的安装高度一览表

楼 层 序 号	层高 /m	喷淋水平管道安装标高 /m
负 1 层	5.2	层顶标高 -1.1
首层	4.2	层顶标高 -1.1
第 2~8 层	3.6	层顶标高 -0.5

4.3　喷淋工程算量前的操作流程

4.3.1　新建工程

在"工程专业"的下拉框中选择"消防"，将工程名称设置为"喷淋工程"，其余与给排水工程创建时相同，如图 4-1 所示。在确认选项设置无误后，单击 创建工程 图标按钮，即可完成新建工程的操作。

图 4-1　"新建工程"对话框

4.3.2　工程设置

1. 楼层设置

参照之前楼层设置的方法，结合表 4-1，不难完成该实例工程的喷淋工程楼层设置。喷淋工程楼层设置的最终效果如图 4-2 所示。

楼层设置

插入楼层　删除楼层　上移　下移

首层	编码	楼层名称	层高(m)	底标高(m)	相同层数	板厚(mm)	建筑面积(m2)	备注
☐	9	屋顶层	3.6	29.4	1	120		
☐	8	第8层	3.6	25.8	1	120		
☐	7	第7层	3.6	22.2	1	120		
☐	6	第6层	3.6	18.6	1	120		
☐	5	第5层	3.6	15	1	120		
☐	4	第4层	3.6	11.4	1	120		
☐	3	第3层	3.6	7.8	1	120		
☐	2	第2层	3.6	4.2	1	120		
☑	1	首层	4.2	0	1	120		
☐	-1	第-1层	5.2	-5.2	1	120		
☐	0	基础层	3	-8.2	1	500		

1.如果标记为首层，则标记层为首层，相邻楼层的编码自动变化，基础层的编码不变；
2.基础层和标准层不能设置为首层；设置首层标志后，楼层编码自动变化。编码为正数的为地上层，编码为负数的为地下层，基础层编码为0

图 4-2　喷淋工程楼层设置最终效果

2. 设计说明信息

根据设计说明信息（图 4-3），按照前面两章介绍的方法，调整对应的设置即可，如图 4-4 所示。

自动喷水灭火系统、大空间智能型主动喷水灭火系统给水管应采用镀锌
钢管或镀锌无缝钢管,DN≤100mm者采用螺纹连接,DN>100mm者采用沟槽连接。

图 4-3　设计说明中关于管道的要求

设计说明信息

水专业　电专业　通风专业

添加行　删除行　恢复当前项默认值　恢复所有默认值

	系统类型	管道形式	材 质	管 径	连接方式	刷油类型	保温材质	保温厚度(mm)	保护层材质
9	中水系统	全部	给水用PP-R	全部管径	热熔连接				
10	废水系统	全部	排水用PVC-U	全部管径	胶粘连接				
11	雨水系统	全部	铸铁排水管	全部管径	承插连接				
12	污水系统	全部	排水用PVC-U	全部管径	胶粘连接				
13	⊟ 采暖燃气								
14	供水系统	全部	焊接钢管	≤32	螺纹连接				
15	供水系统	全部	焊接钢管	>32	焊接				
16	回水系统	全部	焊接钢管	≤32	螺纹连接				
17	回水系统	全部	焊接钢管	>32	焊接				
18	⊟ 消防水								
19	喷淋灭火系统	全部	镀锌钢管	≤100	螺纹连接				
20	喷淋灭火系统	全部	镀锌钢管	>100	沟槽连接				

图 4-4　修改喷淋工程的设计说明信息

4.3.3 导入图纸及其它操作

参照之前的方法，导入喷淋工程实例图纸，完成分割定位（图 4-5）和校验比例尺等后续操作。

需要注意的是，第 6~8 层的平面图中并没有绘制轴线Ⓐ，因此，定位点的选取应予以调整，这里宜选择轴线③和轴线Ⓑ的交点作为图纸的定位点。

喷淋工程图纸分割
定位的注意事项

图 4-5 分割定位完毕的图纸管理界面

4.4 喷淋工程建模的一般流程

根据喷淋工程的算量特点，构件的创建顺序如图 4-6 所示。

图 4-6 喷淋工程构件的创建顺序

4.5 喷 头 建 模

将楼层状态切换至"第 -1 层"，按照图 4-6 所示的创建顺序，首先处理喷头，具体的建模操作如下。

操作 1：单击构件类型导航栏中"喷头（消）（T）"，新建喷头构件，如图 4-7 所示。

操作 2：根据图纸中关于喷头的设计要求（图 4-8），修改喷头构件的属性信息，如图 4-9 所示。

图 4-7　新建喷头构件

3. 喷头选型

均采用ZST15/68型玻璃闭式喷头,除负一层采用直立型喷头,其余楼层采用下垂型喷头。直立型喷头距顶板100mm,下垂型喷头安装距地面不小于2.8m。

图 4-8　图纸中关于喷头的设计要求

在图 4-9 中，标高中的 "0.12" 为现浇板的厚度。

操作 3：采用"设备提量"的方法，完成负一层的喷头建模操作。

操作 4：按照操作 1～操作 3 的方法，完成其余楼层的喷头建模操作。

需要注意的是，其余楼层的喷头采用的是下垂型喷头，其构件属性应按图 4-10 所示设置。此外，由于地上部分的喷头属性一致，图例也完全相同，因此可以使用"设备提量"中楼层范围的设定方法，实现一次设备提量的操作，完成地上所有楼层的喷头构件的建模操作。

属性			
	属性名称	属性值	附加
1	名称	直立型喷头	
2	类型	直立型喷头	☑
3	规格型号	ZST15/68型玻璃闭式喷头	☑
4	标高(m)	层顶标高-0.1-0.12	☐
5	所在位置	地下部分	☐
6	安装部位		☐
7	系统类型	喷淋灭火系统	☐
8	汇总信息	喷头(消)	☐
9	是否计量	是	☐
10	乘以标准间...	是	☐
11	倍数	1	
12	图元楼层归属	默认	☐
13	备注		☐
14	⊞ 显示样式		

图 4-9　负一层喷头构件的属性信息

属性			
	属性名称	属性值	附加
1	名称	下垂型喷头	
2	类型	下垂型喷头	☑
3	规格型号	ZST15/68型玻璃闭式喷头	☑
4	标高(m)	层底标高+2.8	☐
5	所在位置	地上部分	☐
6	安装部位		☐
7	系统类型	喷淋灭火系统	☐
8	汇总信息	喷头(消)	☐
9	是否计量	是	☐
10	乘以标准间...	是	☐
11	倍数	1	
12	图元楼层归属	默认	☐
13	备注		☐
14	⊞ 显示样式		

图 4-10　地上部分的喷头构件属性信息

喷头的建模

4.6　喷淋管道建模

4.6.1　"按系统编号"自动识别

采用"按系统编号"自动识别方法对喷淋管进行建模，其具体操作如下。

操作 1：启用"自动识别"中的"按系统编号"识别，根据文字提示，提取管道 CAD 线和管径标识，弹出"管道构件信息"对话框。

操作 2：利用下拉框选项，修改对话框中"系统类型"为"喷淋灭火系统"，单击 建立/匹配构件 图标按钮，匹配构件，如图 4-11 所示。

图 4-11　修改"管道构件信息"对话框

软件自动匹配的构件，很多属性都难以满足要求，需要进行二次修改，如管道的起点标高和终点标高。由表 4-2 可知，地下室水平管道的起点标高和终点标高均需要设为"层顶标高 -1.1"；自动创建的构件名称也需要调整。但后续操作的"选择要识别成的构件"对话框中，无法选中多个构件，因此，不能对诸如"起点标高""终点标高"之类的属性进行批量选择与修改，仍需要返回至构件属性栏完成更改操作。

操作 3：直接关闭"管道构件信息"对话框。在"构件列表"中，单击位于第一行的"GD-1"，按住〈Shift〉键，再单击最后一行的"GD-6"，这样，构件列表中的所有构件均被选中，即可一次性完成"起点标高"和"终点标高"的修改。

操作 4：按照管道材质和管径规格逐个修改各个构件名称，完成构件属性的调整，如图 4-12 所示。

操作 5：再次使用"按系统编号"自动识

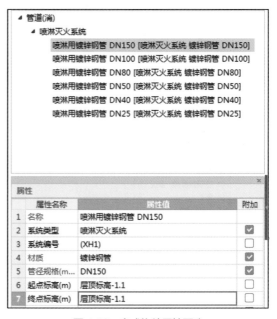

图 4-12　完成构件属性更改

别的方法，重新进入"管道构件信息"对话框。单击 建立/匹配构件 图标按钮，软件自动载入在构件列表中已完成修改的对应构件，如图 4-13 所示。

图 4-13　完成的"管道构件信息"对话框

操作 6：使用自动识别反查的检查方法，确认无误后，单击 确定 图标按钮，完成操作。

软件按照设置自动生成管道构件的建模。通过三维观察可发现，在生成的模型中，只有管道的端头位置自动生成了与喷头连接的立管，管道中间位置都没有生成立管（图 4-14），因此，还需要进行二次处理。由于这样的情况太多，若使用之前介绍的"设备连管"的方法，其操作工作量较大。

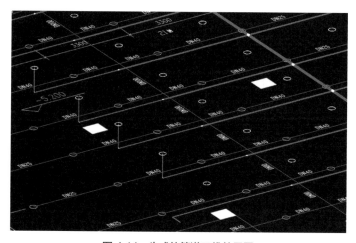

图 4-14　生成的管道三维效果图

喷淋管按"系统编号"自动识别

4.6.2　批量生成立管

批量生成立管的操作如下。

操作 1：单击 生成立管 图标按钮，如图 4-15 所示，启用该功能。

操作 2：根据文字栏提示内容"选择要生成立管的图元"，使用"批量选择构件图元"功能，在"批量选择构件图元"对话框中，勾选负一层所有喷头构件，单击 确定 图标按钮，完成构件选中操作，如图 4-16 所示。单击鼠标右键，完成确认，弹出"选择要识别成的构件"对话框。

图 4-15 启用"生成立管"功能 　　　　图 4-16 在"批量选择构件图元"对话框中勾选构件

操作 3：单击左侧构件列表中"喷淋用镀锌钢管 DN25"，选取该构件作为立管构件，再单击下方 确定 图标按钮，完成操作，如图 4-17 所示。

图 4-17 选取生成立管的构件

软件弹出提示框（图 4-18），并自动在喷头处生成所需的立管构件，如图 4-19 所示。

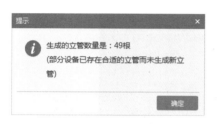

图 4-18　生成立管提示框

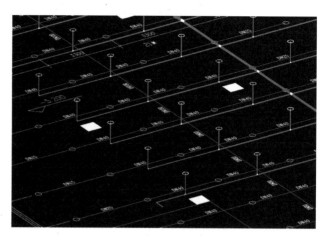

图 4-19　生成的立管的三维效果

需要注意的是，由于之前"按系统编号自动识别"的操作中，在管道端部位置已生成了立管，因此，会出现图 4-18 中"部分设备已存在合适的立管而未生成新立管"的提示。此外，采用此方法的前提条件是该位置有水平管生成，否则，软件不会自动生成立管。例如负一层共有两个喷淋分区，本书举例为下方的分区，而上方的喷淋分区由于尚未进行管道建模，因此尽管喷头构件已全部完成建模，也不会生成立管构件。

温馨提示：

软件 2018/2019/2020 版将原有 2015 版的"自动生成立管"功能整合到"生成立管"功能中，读者可查询该部分的视频，了解这一功能的运用和注意事项。

批量生成立管

4.7　喷淋工程阀门、管道附件及其它构件建模

喷淋工程阀门、管道附件及其它构件的建模，可参照之前章节的处理方法来完成，这里就不再一一介绍。

4.8　缺少管径标识的喷淋管道的建模

无论是消火栓工程，还是喷淋工程，都是采用"按系统编号"自动识别的方法来进行建模处理。该方法虽然高效，但是使用的前提条件是管线位置具备管径标识。在实际工程中，很多喷淋工程的图纸都只有主管道存在管径标识，如图 4-20 所示。对于这种类型的图纸，"按系统编号"自动识别的方法就无法使用，这就需要使用软件的其它功能来处理。

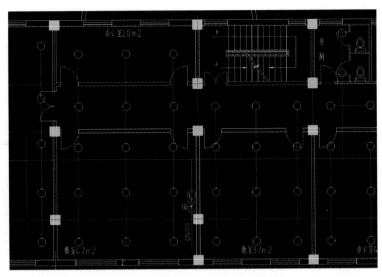

图 4-20　缺少管径标识的喷淋工程图纸

喷淋管道系统是接外部市政管道进行供水的，由于供水量有上限值，因此灭火的总用水量会有一个严格的规定。同时，为保证喷淋的灭火效果，对分配到各个喷头的出水量也有着严格的要求。因此，管道上所接喷头的数量需要符合设计要求或国家相关规定。在处理无设计标识或缺少设计标识的图纸时，就需要参考《自动喷水灭火系统设计规范》（GB 50084—2017）（表 4-3），来反算所需管道的管径大小。

表 4-3　轻危险级、中危险级场所中配水支管、配水管控制的标准喷头数

公称管径 /mm	控制的标准喷头数（只）	
	轻危险级	中危险级
25	1	1
32	3	3
40	5	4
50	10	8
65	18	12
80	48	32
100	无限制	64

根据规范规定，中危险级的场所发生火灾的火势比轻危险级的大，因此灭火所需的水量也要求更多。在总供水量无法增大的情况下，为保证灭火效果，中危险级配置的喷头数量要少于或等于轻危险级配置的喷头数量。

缺少管径标识的喷淋工程，其构件创建顺序与其它喷淋工程完全相同，仅在管道建模的操作方法上需要注意一些细节，因此，本节主要介绍针对这种类型的图纸，处理该管道构件的建模方法，具体操作如下。

操作 1：新建工程，导入"喷淋工程缺少管径标识的特殊处理"图纸。

由于导入的图纸只有一张，且在此处只为了说明这种类型图纸的处理方式，不作详细计算，因此，无需对工程设置中的其它内容进行修改，导入图纸即可。

操作 2：新建喷头构件，将标高定为"层顶标高 -0.1"，如图 4-21 所示，并利用"设备提量"方法，完成该图纸所有喷头的建模。

在启用"设备提量"时，由于导入图纸后未进行分割定位，因此软件会弹出提示框，如图 4-22 所示。直接单击 **是** 图标按钮即可。

图 4-21　新建喷头的属性

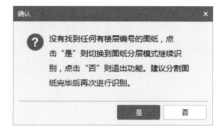

图 4-22　未进行分割定位操作"设备提量"的提示框

操作 3：确保"管道"构件类型处于选中状态，单击"自动识别"图标按钮，在下方展开的选项中，单击 **按喷头个数识别** 图标按钮（图 4-23），启用该功能。根据文字提示，选中图中表示为喷淋管道的 CAD 线及管径标识。

操作 4：根据文字提示，单击选中图中表示为水流指示器以及水流指示器所在的喷淋管的 CAD 线，再单击鼠标右键，完成确认。此时，弹出"构件编辑窗口"对话框，如图 4-24 所示。

图 4-23　启用"按喷头个数识别"

	构件名称	管径规格	接喷头数最大值
1	(立管)	DN25	1
2		DN25	1
3		DN32	3
4		DN40	4
5		DN50	8
6		DN65	12
7		DN80	32
8		DN100	64
9		DN150	>64

参考依据《GB-50084-2017-自动喷水灭火系统设计规范》第30页

a) 中危险级

	构件名称	管径规格	接喷头数最大值
1	(立管)	DN25	1
2		DN25	1
3		DN32	3
4		DN40	5
5		DN50	10
6		DN65	18
7		DN80	48
8		DN100	>48

参考依据《GB-50084-2017-自动喷水灭火系统设计规范》第30页

b) 轻危险级

图 4-24　"构件编辑窗口"对话框

图 4-24a、b 显示的为按不同危险级别设计规范配置的喷头数。通过点选对话框左上方的选项按钮，可以实现"中危险级"和"轻危险级"配置的切换，如图 4-25 所示。

操作 5：单击"轻危险级"左侧的选项按钮，选用该配置级别。

本节引入的图纸中，水流指示器安装的主管道为最大管径管道，其管径为 DN100，如图 4-24b 所示，选用"轻危险级"即可满足要求。

操作 6：单击"构件编辑窗口"对话框右上角的 建立/匹配构件 图标按钮，弹出"建立构件"对话框，可根据需要修改管道构件的材质和标高。为保证效果，此处将标高修改为"层顶标高 -1.1"，材质不作修改，如图 4-26 所示。单击 确定 图标按钮，"建立构件"对话框消失，"构件列表"中自动生成对应管径构件，并在"构件编辑窗口"对话框的"构件名称"栏自动完成匹配，如图 4-27 所示。

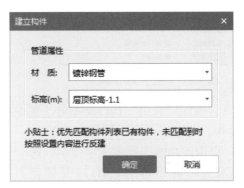

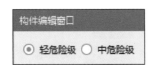

图 4-25　喷淋危险级别切换选项按钮　　　　图 4-26　修改完毕的"建立构件"对话框

操作 7：单击"构件名称"栏的展开按钮（图 4-28），打开"选择要识别成的构件"对话框。逐个修改构件名称，得到"构件编辑窗口"对话框的最终修改效果，如图 4-29 所示。单击 确定 图标按钮，完成操作。

图 4-27　"构件列表"和"构件名称"自动匹配效果

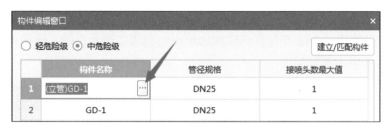

图 4-28 单击展开按钮

图 4-29 最终修改完成的"构件编辑窗口"对话框

软件经过处理，完成包括与喷头连接立管在内的管道建模。完成的模型中，不同管径的管道还使用不同颜色进行标示，如图 4-30 所示。

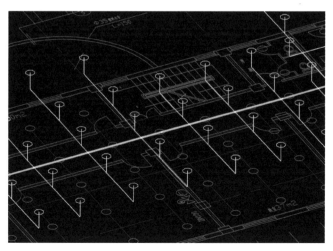

图 4-30 完成的管道三维效果图

将"视图"切换至"俯视"状态，观察发现，水流指示器安装的主干管并没有被识别（图 4-31），这也是使用该方法进行管道建模的缺点。利用之前介绍的"选择识别"或"直线"的方法，单独处理该主干管即可。

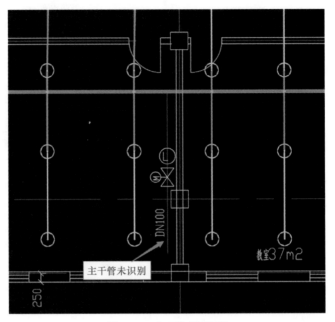

喷淋管按"喷头个数"自动识别

图 4-31　主干管未被识别

4.9　消火栓和喷淋工程使用"选择识别"的注意事项

在消火栓和喷淋工程中，当使用"选择识别"方法处理管道建模时，会弹出"构件编辑窗口"对话框，如图 4-32 所示。

图 4-32　选择识别时出现的"构件编辑窗口"对话框

在该对话框中，第一项配置内容"请指定横管对应的构件"是指水平管，而第二项配置内容"请指定短立管对应的构件"是指喷淋管道中与喷头连接的短立管。这样的设置是为了在喷淋工程管道建模时，生成水平管的同时也可生成连接喷头的立管。

对于不需要处理连接喷头的管道建模，可单击第一项配置右侧的 $\boxed{\cdots}$ 按钮，进入"选择要识别成的构件"对话框进行构件匹配；第二项配置默认按第一项内容匹配，如图 4-33 所示。如需修改，则再单击第二项配置右侧的 $\boxed{\cdots}$ 按钮即可。

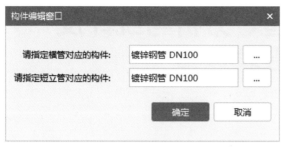

图 4-33　完成效果

消防专业管道构件"选择识别"注意事项

对于已生成喷头连接短立管的情况，由于在该位置已有构件，软件为了避免构件冲突，无法按照图 4-33 中第二项配置要求生成对应的构件，因此，使用"选择识别"单独处理零星构件时，通常只需保证第一项和第二项构件内容相同即可。

4.10　系统小结

水系统工程涉及的给排水、消火栓、喷淋工程，其建模操作大致相同。建模顺序都需要优先处理器具或设备，再处理管道，紧接着处理阀门及管道附件，最后处理零星构件。

除消火栓工程单独设置了"消火栓"提取功能外，其余统计个数或套数的构件均使用"设备提量"操作来完成。需要注意的是，阀门及管道附件建模的前提是该位置必须存在管道，而管道的建模方法主要为"直线""选择识别""自动识别"三种方法，其特点见表 4-4。

表 4-4　管道建模方法对比表

管道建模方法	建模效率	适用范围
直线	最低	最广，无限制
选择识别	一般	部分情况效果欠佳
自动识别	最高	有很严格的条件限制

根据图纸特点，选择合适的建模方法，是提高建模效率的有效保障。此外，长立管可以使用"立管识别"来完成，而与设备连接的短立管，则可以使用"设备连管""生成立管"方法来实现。对于立管系统较复杂、数量繁多的情况，软件还提供了"系统图"识别方法来予以解决。

第五章 构件检查、分析与统计及工程量报表查看

完成给排水、消火栓及喷淋工程建模后，就可以利用软件的计算功能分析和查看各个模型构件的工程量。

本章将以给排水工程的模型为例，说明常用的构件检查、构件分析与统计，以及工程量报表查看等功能。

5.1 "检查模型"中的其它功能

本书第三章已介绍了"漏量检查"的应用，针对块图元，利用该功能可以迅速地找出未被建模的 CAD 图元。此外，在"检查模型"中，还提供了其它 4 项检查功能，如图 5-1 所示。

然而在实际操作中，除了"漏量检查"外，其它功能对于工程量的计算帮助并不大，如图 5-2 ～ 图 5-5 所示。其中，图 5-3 中的"碰撞检查"结果是由于生成套管构件时，生成楼

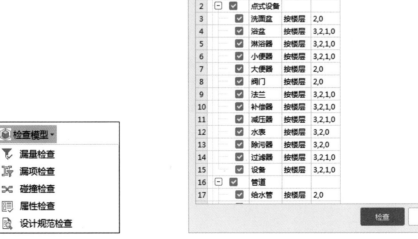

图 5-1 "检查模型"中的其它功能　　　　图 5-2 "漏项检查"结果

板构件造成的。通过修改对应的"碰撞范围"，可以取消与现浇板构件碰撞构件的条件选项，如图 5-6 所示。这样，"碰撞检查"的结果中就不会显示其它异常的内容。修改范围后的"碰撞检查"结果如图 5-7 所示。

图 5-3　"碰撞检查"结果

图 5-4　"属性检查"结果

图 5-5　"设计规范检查"结果

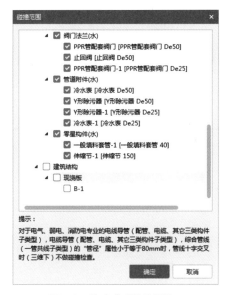

图 5-6　修改"碰撞范围"

图 5-7　修改范围后的"碰撞检查"结果

5.2　漏量检查的选择范围

使用"漏量检查"功能对已完成的给排水工程模型进行检查，可以发现，仍有不少构件出现在检查结果中。如图 5-8 所示，除了一些非给排水工程 CAD 图块外，还有一些给排水工程 CAD 图块，如地漏、坐便器等。双击这些构件"位置"进行反查，发现几乎都是出现在卫生间详图中，可通过调整"选择范围"进行更加精准的漏量检查，操作方法如下。

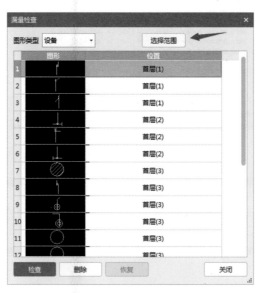

图 5-8　"漏量检查"结果

操作：单击图 5-8 中的 选择范围 图标按钮，用鼠标框选平面图区域，注意不框选卫生间详图，再次使用"漏量检查"功能进行检查，检查结果如图 5-9 所示。

检查模型中的
其他功能

图 5-9　调整范围的"漏量检查"结果

5.3 工程量汇总计算

完成模型的创建后，需要启用软件对应的计算功能，才可得到计算数据，进而实现下一步操作，具体操作方法如下。

操作1：单击"工程量"选项卡，单击 <u>汇总计算</u> 图标按钮（图5-10），弹出"汇总计算"对话框，如图5-11a所示。

图5-10 单击"汇总计算"图标按钮

a）全选前　　　　　　　　b）全选后

图5-11 "汇总计算"对话框

操作2：单击图5-11a中的 <u>全选</u> 图标按钮，则楼层列表中所有楼层将被选中，如图5-11b所示。单击 计算 图标按钮，软件自动计算，经过一段时间处理后，出现提示框，如图5-12所示。

在操作2中，软件处理的时间长短，取决于选中的楼层模型构件数量、构件种类以及专业划分等因素。因此，需要根据实际使用情况，调整楼层勾选情况，不可将所有情况都采用"全选楼层"来计算，以免影响使用效果。

图5-12 "计算完成"提示框

此外，单击快捷启动栏中的∑按钮，同样可以实现操作1和操作2的效果，如图5-13所示。

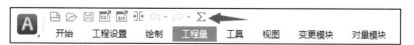

图5-13 快捷启动栏中汇总计算按钮

5.4　分类查看工程量及表格调整

软件汇总计算完毕，并不会直接显示计算结果，需要单击启用对应的应用功能。

5.4.1　启用"分类工程量"

启用"分类工程量"的具体操作如下。

操作：单击"汇总计算"右侧的 分类工程量 图标按钮，如图5-14所示，弹出"查看分类汇总工程量"对话框，如图5-15所示。

在对话框中，工程量数据是按"工程专业"和"构件类型"进行分类。由于实例工程只有给排水专业，因此，在第一栏下拉框中并不会有额外选项。在第二栏选项中，则可在已创建完成的构件类型中进行选择。以本工程为例，可在"卫生器具""管道""阀门法兰""管道附件""通头管件"和"零星构件"之间进行选择，如图5-15所示，并且对话框中的表格内容也将显示不同的内容。

图5-14　查看"分类工程量"

如图5-15所示，在不改变构件类型的前提下，对话框表格显示的内容与最下方的设置选项按钮密切相关。

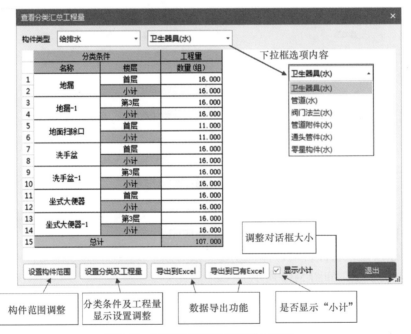

图5-15　"查看分类汇总工程量"对话框

5.4.2　调整"分类工程量"表格显示

1. 设置构件范围

单击 设置构件范围 图标按钮，在"楼层""构件类型"两种选项中调整构件选择范围，如图5-16所示，进而影响"分类工程量"的数据显示。

2. 设置分类及工程量

单击 设置分类及工程量 图标按钮，软件出现"设置分类条件及工程量输出"对话框，分为"构件类型""分类条件"及"构件工程量"三栏。第一栏"构件类型"表示当前正在设置的选项，第二栏"分类条件"和第三栏"构件工程量"将分别对"分类工程量"表格中对应的内容产生对应的影响，如图 5-17 所示。

读者可对"分类条件"中的不同选项进行勾选设置，调整"分类工程量"的显示内容，如图 5-18 和图 5-19 所示。

此外，在分类条件中，还有 上移 和 下移 图标按钮，可调整分类条件内容的显示层级关系，如图 5-20 所示。

设置"构件工程量"时，由于"卫生器具"只有"个数"可供选择，因此，这里以"管道"为例进行说明。在"构件工程量"中的显示标

图 5-16　"设置构件范围"选项

志中只勾选"长度""超高长度"和"竖井内长度"，可发现"分类工程量"表格中"工程量"栏发生了较大的变化，如图 5-21 所示。

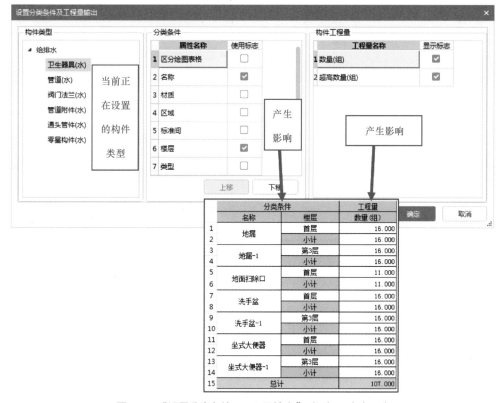

图 5-17　"设置分类条件及工程量输出"对话框及产生影响

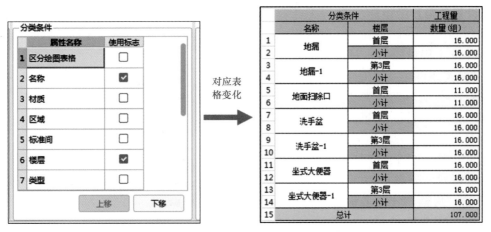

图 5-18 默认的"分类条件"设置及"分类工程量"表格

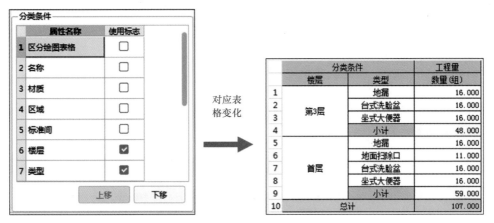

图 5-19 调整的"分类条件"设置及"分类工程量"表格

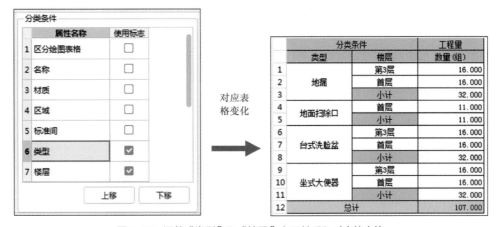

图 5-20 调整"类型"和"楼层"上下关系和对应的表格

3. "显示小计"勾选项

通过勾选"显示小计"左侧的□，可显示"小计"，如图 5-22 所示，以满足个人对表格显示的需求。

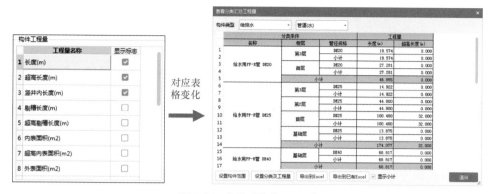

图 5-21　调整"构件工程量"

图 5-22　勾选"显示小计"与否的变化

"分类工程量"表格显示内容，并没有严格的规定和标准，读者只需掌握调整选项的表格变化规律即可。

读者可按如图 5-23 所示的表格情况，自行调整，检验对该设置的掌握情况。

汇总计算与分类查看工程量

	分类条件				工程量				
	材质	管径规格	楼层	标准间	长度(m)	超高长度(m)	外表面积(m2)	支架数量(个)	超高支架数量(个)
1	给水用PP-R	DE20	第3层	三层卫生间	19.574	0.000	1.230	32.000	0.000
2			首层	首层卫生间	27.281	0.000	1.714	32.000	0.000
3		DE25	第3层	三层卫生间	13.322	0.000	1.046	16.000	0.000
4				无标准间	1.600	0.000	0.126	0.000	0.000
5			第2层	无标准间	44.800	0.000	3.519	48.000	0.000
6			首层	首层卫生间	33.292	0.000	2.615	48.000	0.000
7				无标准间	67.188	32.000	7.790	64.000	32.000
8			基础层	无标准间	13.875	0.000	1.090	18.000	0.000
9		DE40	基础层	无标准间	68.817	0.000	8.648	81.000	0.000
10		DE50	基础层	无标准间	6.935	0.000	1.089	6.000	0.000
11	排水用PVC-U	DE110	第3层	三层卫生间	12.480	0.000	4.313	0.000	0.000
12				无标准间	66.000	0.000	22.808	35.000	0.000
13			第2层	三层卫生间	19.994	0.000	6.910	0.000	0.000
14				无标准间	53.200	0.000	18.385	19.000	0.000
15			首层	首层卫生间	31.520	0.000	10.893	16.000	0.000
16				无标准间	70.635	38.000	37.542	19.000	38.000
17			基础层	首层卫生间	27.015	0.000	9.336	0.000	0.000
18				无标准间	82.921	0.000	28.655	49.000	0.000
19		DE160	首层	无标准间	6.580	0.000	3.297	0.000	0.000
20			基础层	无标准间	88.653	0.000	44.562	48.000	0.000
21		DE50	第3层	三层卫生间	25.600	0.000	4.021	16.000	0.000
22			第2层	三层卫生间	37.425	0.000	5.879	80.000	0.000
23	总计				818.687	70.000	225.468	643.000	70.000

图 5-23　自行尝试的"分类工程量"表格

5.5　图元查量

"分类工程量"表格可以实现按楼层及构件类型去查看对应的工程量，但无法查看绘图区域中某个构件的具体工程量数据情况。软件提供了"图元查量"功能用以满足这样的需求，具体操作如下。

操作1：单击"汇总计算"右侧的 图元查量 图标按钮（图5-24），启用该功能。

图5-24　启用"图元查量"功能

操作2：根据文字提示栏内容，单击需要查看的构件。这里以入户前的给水用 PPR 管 De50 水平管为例，则在绘图区域下方出现该选中构件的工程量及对应计算式，如图5-25所示。

构件名称	工程量名称	倍数	工程量	计算式
给水用PP-R管 De50	长度(m)	1	6.235	(6.235)*1:(L1)*倍数
	内表面积(m2)	1	0.584	(PI * 0.02980 * 6.235)*1:(π*D1*L1)*倍数
	外表面积(m2)	1	0.979	(PI * 0.05000 * 6.235)*1:(π*D2*L1)*倍数
	保护层面积(m2)	1	1.140	(PI*(0.05000 + 2*0.000 + 2*0.000 * 0.05 + 0.0032 + 0.005)*6.235)*1:(π*(D+2δ+2δ*5%+2d1+3d2)*L1)*倍数
	支架数量(个)	1	6.000	(ΣRound(L/d))*倍数
	内部接头数量(个)	1	1.000	(Ceil(L / 6.000) - 1)*倍数

图5-25　绘图区域下方"工程量"显示情况

操作3：不退出该功能，框选选中给水用 PPR 管 De50 立管，绘图区域下方工程量显示内容发生较大改变，如图5-26所示。

构件名称	长度(m)	内表面积(m2)	外表面积(m2)	保护层面积(m2)
1 给水用PP-R管 De50	6.935	0.649	1.089	1.268

图5-26　选中立管后绘图区域下方的变化

可以发现，工程量内容中不再显示"计算式"，而上方选项卡也增加了一些其它内容，这是因为启用"图元查量"时，选中的是两个构件。随着选中的构件越来越多，除了增加对应工程量数据外，也会按照选中构件的情况，分项进行显示，如图5-27所示。还可以发现，启用"图元查量"时，当选中多个构件时，其工程量均不会显示计算式。

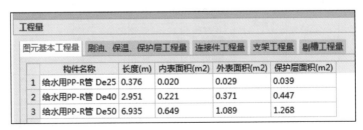

	构件名称	长度(m)	内表面积(m2)	外表面积(m2)	保护层面积(m2)
1	给水用PP-R管 De25	0.376	0.020	0.029	0.039
2	给水用PP-R管 De40	2.951	0.221	0.371	0.447
3	给水用PP-R管 De50	6.935	0.649	1.089	1.268

图元查量

图5-27　勾选多个构件后的变化

"图元查量"非常适合长度构件进行细节查量的情况。但请注意，进行"图元查量"时，不支持同时查看不同类型构件。使用时，务必在构件导航栏中选中对应的构件类型。如图 5-25～图 5-27，查看的只是"管道"构件。

5.6　工程量报表查看

在实际工作中，有时需要将工程量数据以较为正式的形式进行成果交接，这就需要用到软件的工程量报表功能，具体操作如下。

操作：在"工程量"选项卡中，单击"报表预览"图标按钮（图 5-28），软件进入"报表预览"界面。

在"报表预览"界面上方，存在一些选项按钮（图 5-29），可对报表进行对应管理和设置。如单击 表格模式 图标按钮，可实现表格数据在"表格模式"与"树状模式"两种模式间的切换，如图 5-30 和图 5-31 所示。

图 5-28　启用"报表预览"功能

图 5-29　"报表预览"选项按钮

给排水管道工程量汇总表

工程名称：给排水工程学习　　　　　　　　　　　　　　　　　　第1页　共1页

项目名称	工程量名称	单位	工程量
一 管道			
给水用PP-R-DE20	长度(m)	m	46.855
	内表面积(m2)	m2	2.355
	外表面积(m2)	m2	2.944
给水用PP-R-DE25	长度(m)	m	174.077
	超高长度(m)	m	32.000
	内表面积(m2)	m2	10.747
	外表面积(m2)	m2	16.185
给水用PP-R-DE40	长度(m)	m	68.817
	内表面积(m2)	m2	5.145
	外表面积(m2)	m2	8.648
给水用PP-R-DE50	长度(m)	m	6.935
	内表面积(m2)	m2	0.649
	外表面积(m2)	m2	1.089
排水用PVC-U-DE110	长度(m)	m	363.765
	超高长度(m)	m	38.000
	内表面积(m2)	m2	130.762
	外表面积(m2)	m2	138.840
排水用PVC-U-DE160	长度(m)	m	95.213
	内表面积(m2)	m2	45.466
	外表面积(m2)	m2	47.859
排水用PVC-U-DE50	长度(m)	m	63.025
	内表面积(m2)	m2	9.108
	外表面积(m2)	m2	9.900

图 5-30　"树状模式"报表

给排水管道工程量汇总表

工程名称:给排水工程学习   第1页 共1页

计算项目	材质-规格型号	工程量名称	单位	工程量
管道	给水用PP-R-DE20	长度(m)	m	46.855
		内表面积(m2)	m2	2.355
		外表面积(m2)	m2	2.944
	给水用PP-R-DE25	长度(m)	m	174.077
		超高长度(m)	m	32.000
		内表面积(m2)	m2	10.747
		外表面积(m2)	m2	16.185
	给水用PP-R-DE40	长度(m)	m	68.817
		内表面积(m2)	m2	5.145
		外表面积(m2)	m2	8.648
	给水用PP-R-DE50	长度(m)	m	6.935
		内表面积(m2)	m2	0.649
		外表面积(m2)	m2	1.089
	排水用PVC-U-DE110	长度(m)	m	363.765
		超高长度(m)	m	38.000
		内表面积(m2)	m2	130.762
		外表面积(m2)	m2	138.840
	排水用PVC-U-DE160	长度(m)	m	95.213
		内表面积(m2)	m2	45.466
		外表面积(m2)	m2	47.659
	排水用PVC-U-DE50	长度(m)	m	63.025
		内表面积(m2)	m2	9.108
		外表面积(m2)	m2	9.900

图 5-31 "表格模式"报表

报表设置和管理选项的其它操作都比较简单，读者可自行尝试，这里不再一一介绍了。

工程量报表

第六章 电气工程建模

6.1 电气工程的算量特点

房屋建筑的电气工程根据用途可分为配电工程、动力工程、照明工程和防雷接地工程。前三者可统称为配电配线工程，其计算重点和难点在于需要根据电气系统图等来计算电线和电缆等长度，具备下列特点：灯具的数量和种类繁多，电气线路及配管计算繁琐，配电箱、配电柜等电气设备较多，电线、电缆型号和规格繁多，开关和插座数量较多，有避雷、防雷、接地装置。

针对电气工程这样的特点，需要对下列内容进行建模：配电箱及设备，灯具，开关、插座，电线、电缆及其配管等，避雷、防雷、接地装置，其它零星构件。

6.2 实例图纸情况分析

本章采用的实例是一栋建筑面积为 5799.27m² 的值班宿舍，其楼层信息见表 6-1。

表 6-1 电气工程楼层信息情况表

楼 层 序 号	层高 /m	室内地面标高 /m
首层	4	0
第 2 层	4	4
第 3 层	3	8
第 4~6 层	3	11
第 7 层	3	20
屋顶层	—	23

该实例图纸包括施工设计说明，配电系统图，基础接地平面图，底层干线、照明平面图，二层干线、插座及照明平面图，三层干线、插座及照明平面图，四、五、六层干线、插座及照明平面图，七层干线、插座及照明平面图，屋顶层平面图等，设计范围为值班宿舍楼的配电、照明、防雷接地工程。

普通照明和插座线路的电线材料采用 BV 电线，而应急照明线路的电线材料采用阻燃型 ZR-BV 电线。配电系统用电缆采用普通 YJV 型电缆。普通照明灯具采用吸顶灯或双管荧光灯，应急照明灯具则使用 $2 \times 10W$ 自带蓄电池的应急照明灯、普通疏散指示灯和安全出口灯。屋顶采用 $\phi 12$ 热镀锌圆钢作防雷带使用，并利用建筑物主筋作用于防雷引下线。

此外，四～六层共用一张图纸，且层高等其它信息均相同，因此，四～六层可设置为标准层。图纸存在强电桥架，并规定强电桥架的安装高度为梁下 0.1m，如图 6-1 所示。查询该工程对应的梁体结构图纸得知，二层的梁高为 800mm，三～七层的梁高均为 500mm（图 6-2），同时考虑桥架的厚度和安装施工方便以及楼板厚度等原因，最终二层强电桥架的安装高度为安装楼层的层顶高度 -1.0m，而三～七层则为层顶高度 -0.7m。强电桥架的安装高度具体安排可按表 6-2 执行。

图 6-1　图纸中关于水平桥架安装的要求

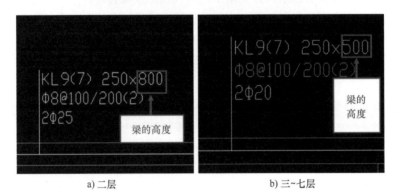

a) 二层　　　　　　　　　　　b) 三~七层

图 6-2　梁的高度

表 6-2　强电桥架在各楼层的安装高度一栏表

楼层序号	梁的平均高度 /mm	喷淋水平管道安装标高 /m
第 2 层	800	层顶标高 -1.1
第 3~7 层	500	层顶标高 -0.7

6.3　电气工程算量前的操作流程

6.3.1　新建工程

在"工程专业"的下拉框中选择"电气"，将工程名称设为"电气工程"，其余操作与之前的各工程创建完全相同，如图 6-3 所示。在确认选项设置无误后，单击创建工程图标按钮，就完成了新建工程的操作。

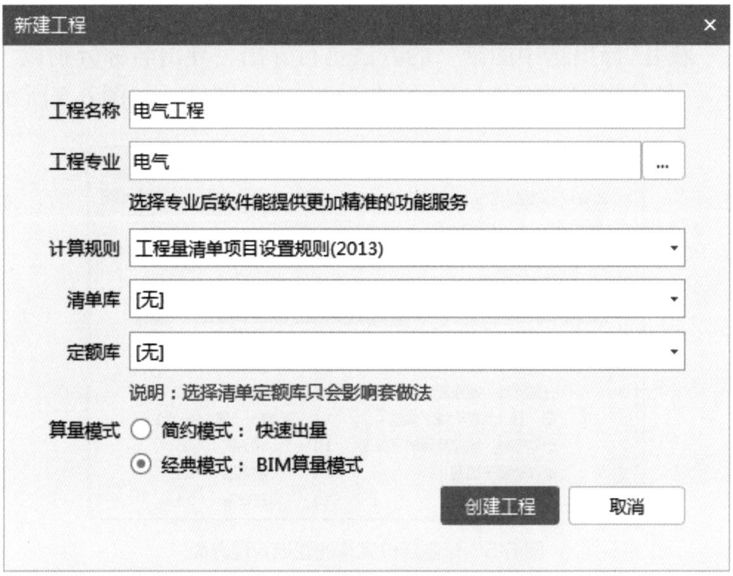

图 6-3　电气工程“新建工程”对话框

6.3.2　工程设置

1. 楼层设置

参照之前楼层设置的方法，结合表 6-1，不难完成该实例工程的楼层设置。楼层设置的最终效果如图 6-4 所示。

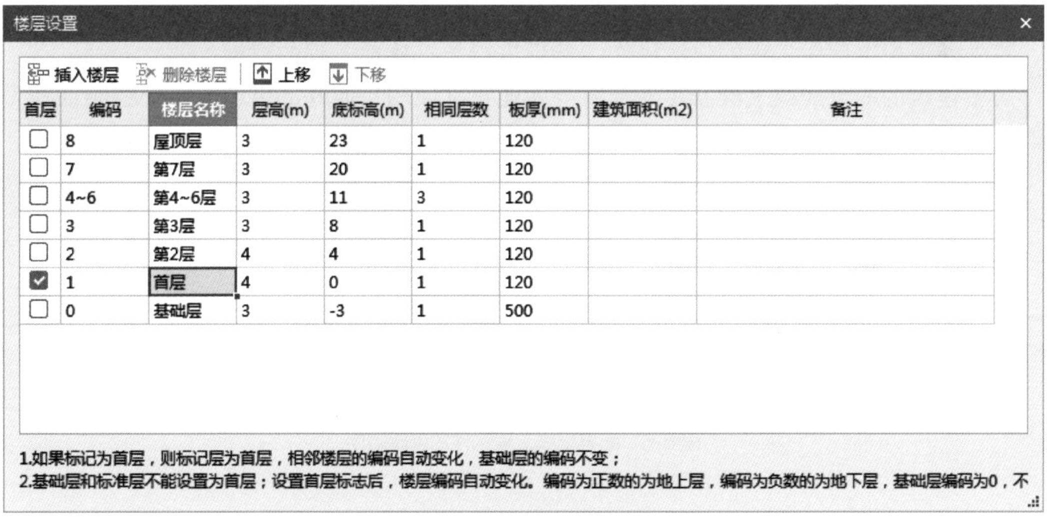

首层	编码	楼层名称	层高(m)	底标高(m)	相同层数	板厚(mm)	建筑面积(m2)	备注
☐	8	屋顶层	3	23	1	120		
☐	7	第7层	3	20	1	120		
☐	4~6	第4~6层	3	11	3	120		
☐	3	第3层	3	8	1	120		
☐	2	第2层	4	4	1	120		
☑	1	首层	4	0	1	120		
☐	0	基础层	3	-3	1	500		

图 6-4　电气工程楼层设置最终效果

2. 其它设置

本实例工程除楼层设置外，其它设置无须调整，按默认设置即可。

6.3.3　导入图纸及其它操作

参照之前的方法，将电气工程实例图纸导入，完成分割定位和校验比例尺等后续操作即可。定位点可以选择轴线①和轴线Ⓐ的交点。此外，需要将配电系统图以及施工设计说明中的"主要设备表"采用"导出选中图纸"的方法进行导出，导出名称分别设为"配电系统图"和"设备材料表"。各楼层配置好各自的分割定位完毕的图纸，如图 6-5 所示。

图 6-5　分割定位完毕的图纸管理界面

需要注意的是，这里还需额外将屋顶防雷平面图和基础接地平面图分别配置于"屋顶层"和"基础层"，这样，图纸的楼层分割定位就全部完成了。在完成比例尺的校验后，就完成了建模前的准备工作。

6.4　配电配线工程建模的一般流程

首先处理配电配线工程的建模操作，然后进行防雷接地工程的建模。

房屋建筑的配电配线工程需要外部供电才能正常使用，而外部供电的入户线路往往是从最低层开始的，因此，电气工程的楼层识别顺序一般为从下到上。

根据电气工程的算量特点，构件的创建顺序如图 6-6 所示。

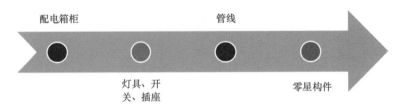

图 6-6　配电配线工程构件的创建顺序

6.5　配电箱柜建模

将楼层状态切换至"首层"，按照图 6-6 所示的创建顺序，首先处理配电箱柜。

配电箱柜属于典型的以个数为统计单位的构件，针对这种构件，可以直接使用"设备提量"方法来完成。但观察图纸设备材料表中配电箱图例符号和平面图中的图示情况（图6-7和图6-8），可以发现，除应急照明配电箱外，总配电箱和楼层配电箱的图例几乎完全相同，仅仅以配电箱的编号加以区别。针对这种情况，若直接使用"设备提量"的方法，对于初学者，非常容易造成错误和漏项，因此，软件提供了"配电箱识别"的方法来解决这一问题，具体操作如下。

序号	图例	名　称	规　格	单位	数量	安装方式及高度
1	▬ AM	总配电箱		台	图详	落地安装
2	▬ AL	楼层配电箱		台	图详	底边距地1.5m嵌墙暗装
3	◨ ALE	应急照明配电箱		台	图详	底边距地1.5m嵌墙暗装

图6-7　实例工程设备材料表中配电箱的图例符号

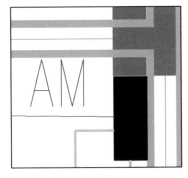
a) 总配电箱在平面图中的图示

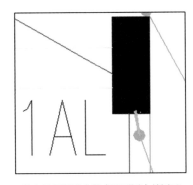
b) 1AL楼层配电箱在平面图中的图示

图6-8　配电箱在平面图中的图示情况

操作1：单击构件类型导航栏中的"配电箱柜"，再单击 配电箱识别 图标按钮，如图6-9所示，启用该功能。

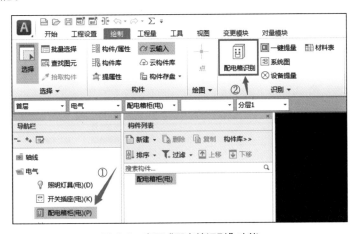

图6-9　启用"配电箱识别"功能

操作2：根据文字提示栏内容，单击选中总配电箱的图例及其标识，单击鼠标右键，完成确认，弹出"构件编辑窗口"对话框。

操作 3：根据图 6-7 中的要求，修改“构件编辑窗口”对应内容，如图 6-10 所示。单击 确认 图标按钮，完成操作。

这样，在构件列表中，软件就会以编号标识为构件名称。其它属性按照图 6-11 设置。创建出对应构件，将位于首层的总配电箱识别出来，完成该配电箱的建模操作。

需要注意的是，电气设计图纸由于设计深度的问题，往往不会给出配电箱的具体尺寸，有时甚至需要到设备招标完成之后，才可获取相应的数据。针对这样的情况，可以先按软件给定的默认尺寸设置，待获取准确的尺寸信息之后，再进行二次修改。因此，在“构件编辑窗口”中，需要确保“类型”“标高”以及“系统类型”的准确性。按照这样的要求，完成应急照明配电箱和楼层配电箱的构件新建即可，如图 6-12 所示。

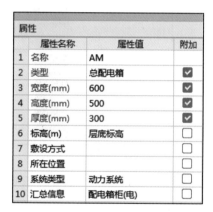

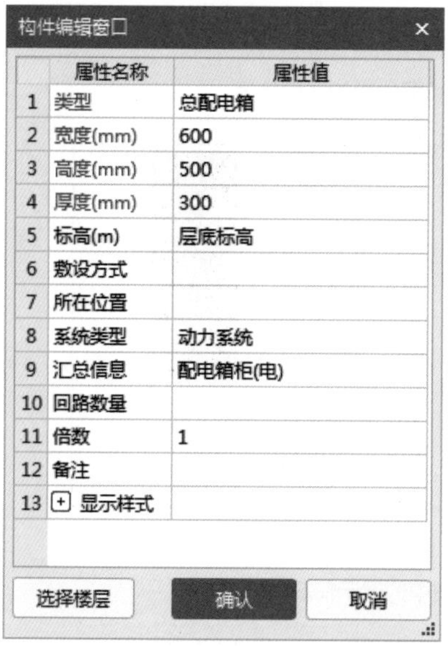
构件编辑窗口

	属性名称	属性值
1	类型	总配电箱
2	宽度(mm)	600
3	高度(mm)	500
4	厚度(mm)	300
5	标高(m)	层底标高
6	敷设方式	
7	所在位置	
8	系统类型	动力系统
9	汇总信息	配电箱柜(电)
10	回路数量	
11	倍数	1
12	备注	
13	⊞ 显示样式	

选择楼层 确认 取消

图 6-10　修改完成的“构件编辑窗口”

属性

	属性名称	属性值	附加
1	名称	AM	
2	类型	总配电箱	☑
3	宽度(mm)	600	☑
4	高度(mm)	500	☑
5	厚度(mm)	300	☑
6	标高(m)	层底标高	☐
7	敷设方式		☐
8	所在位置		☐
9	系统类型	动力系统	☐
10	汇总信息	配电箱柜(电)	☐

图 6-11　自动创建的 AM 配电箱构件

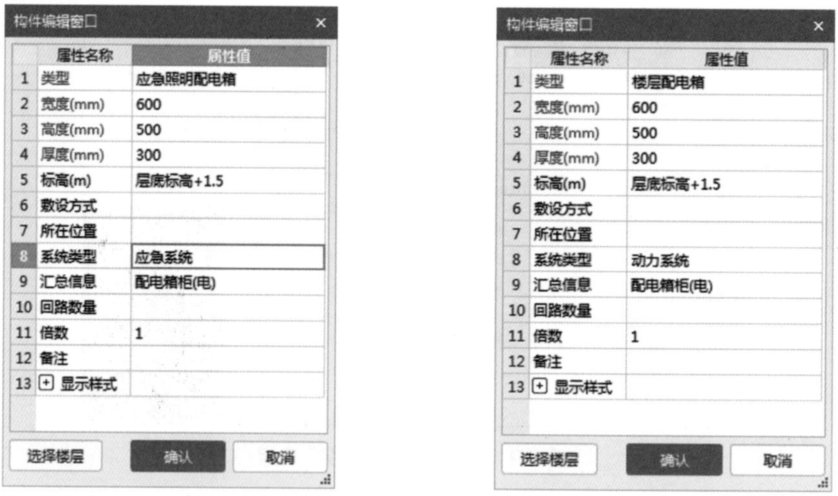
构件编辑窗口

	属性名称	属性值
1	类型	应急照明配电箱
2	宽度(mm)	600
3	高度(mm)	500
4	厚度(mm)	300
5	标高(m)	层底标高+1.5
6	敷设方式	
7	所在位置	
8	系统类型	应急系统
9	汇总信息	配电箱柜(电)
10	回路数量	
11	倍数	1
12	备注	
13	⊞ 显示样式	

选择楼层 确认 取消

a) 应急照明配电箱构件属性

构件编辑窗口

	属性名称	属性值
1	类型	楼层配电箱
2	宽度(mm)	600
3	高度(mm)	500
4	厚度(mm)	300
5	标高(m)	层底标高+1.5
6	敷设方式	
7	所在位置	
8	系统类型	动力系统
9	汇总信息	配电箱柜(电)
10	回路数量	
11	倍数	1
12	备注	
13	⊞ 显示样式	

选择楼层 确认 取消

b) 楼层配电箱构件属性

图 6-12　其它配电箱的构件信息

软件新增了"选择楼层"功能，针对楼层配电箱这样在多个楼层中都出现的情况，可在"构件编辑窗口"对话框中，单击 选择楼层 图标按钮，在展开的窗口中，勾选"所有楼层"，如图 6-13 所示，让软件尝试在所有楼层进行识别建模。

采用这种方法，对于未被识别建模的，可在提示框中，单击 定位检查 图标按钮（图 6-14），进行定位反查，然后使用"配电箱识别"来完成建模操作。

此外，第 2~7 层的宿舍内，还单独设有宿舍配电箱。由于宿舍配电箱数量较多，设计者并未给所有宿舍配电箱标出对应的配电箱编号，如图 6-15 所示。这样的情况，将导致使用"配电箱识别"方法处理配电箱建模效果不佳。由于之前各楼层的其它配电箱已完成建模，因此这时使用"设备提量"的方法不会造成错误，可完成宿舍配电箱的建模操作。配电箱的构件信息按图 6-16 修改即可。

图 6-13　勾选"所有楼层"

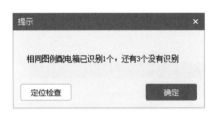

图 6-14　识别提示框

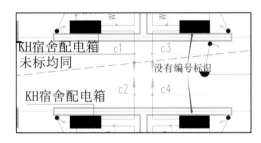

图 6-15　宿舍配电箱缺少编号标识

	属性名称	属性值	附加
1	名称	KH	
2	类型	宿舍配电箱	☑
3	宽度(mm)	600	☑
4	高度(mm)	500	☑
5	厚度(mm)	300	☑
6	标高(m)	层底标高+1.5	☐
7	敷设方式		☐
8	所在位置		☐
9	系统类型	动力系统	☐
10	汇总信息	配电箱柜(电)	☐

图 6-16　宿舍配电箱的构件属性

配电箱的建模

配电箱建模时，优先使用"配电箱识别"操作；处理效果不佳时，再考虑使用"设备提量"的方法来完成。

6.6 材料表识别

与水系统各专业工程相比，配电配线工程的设备或器具的种类繁多，如果还是采用之前新建构件再修改构件的方式，将会耗费大量的时间。因此，软件提供了"材料表"功能来解决这一问题，具体操作如下。

操作 1：利用之前介绍的"插入图纸"的方法，将之前导出的图纸"设备材料表"导入绘图区域中。

操作 2：确保"配电箱柜"构件类型处于选中状态，单击  材料表 图标按钮，如图 6-17 所示，启用该功能。

图 6-17 启用"材料表"功能

操作 3：根据文字提示栏内容，框选刚才插入的图纸"设备材料表"，单击鼠标右键完成确认，弹出"识别材料表—请选择对应列"对话框，如图 6-18 所示，"设备材料表"中的内容便被提取到该对话框中了。

识别材料表—请选择对应列

	图例		设备名称	规格型号				标高(m)	对应构件
1									
2				主要设备表				层底标高	设备(电)
3	序号		名称	规格	单位	数量	安装方式及高度	层底标高+1.4	配电箱柜(电)
4	1	AM	总配电箱		台	图详	落地安装	层底标高	配电箱柜(电)
5	2	AL	楼层配电箱		台	图详	底边距地1.5m嵌墙暗装	层底标高+1.5	配电箱柜(电)
6	3	ALE	应急照明配电箱		台	图详	底边距地1.5m嵌墙暗装	层底标高+1.5	配电箱柜(电)
7	4		双管荧光灯	T8-2x36W	套	图详	吸顶	层顶标高	灯具(只连单立管)
8	5		吸顶灯	节能灯18W	套	图详	吸顶	层顶标高	灯具(只连单立管)
9	6		暗装单极照明开关	250V, 10A	个	图详	底边距地1.3m嵌墙暗装	层底标高+1.3	开关(可连多立管)
10	7		暗装双极照明开关	250V, 10A	个	图详	底边距地1.3m嵌墙暗装	层底标高+1.3	开关(可连多立管)
11	8		暗装三极照明开关	250V, 10A	个	图详	底边距地1.3m嵌墙暗装	层底标高+1.3	开关(可连多立管)

提示：请在第一行的空白单元格中单击鼠标从下拉框中选择列对应关系

☐ 如果存在同名构件则要盖原有属性

删除行　　复制行　　合并行

追加识别　　删除列　　复制列　　合并列　　**确定**　　取消

图 6-18 "识别材料表—请选择对应列"对话框

利用对话框右下角 ⁚⁚ 按钮或对话框最大化按钮可调整对话框的大小。

如图 6-19 所示，第 17 行疏散指示灯的图例中带有原表格的数字序号 14，而第 18 行中有多处"应急照明灯"与"安全出口灯"内容混淆在同一个单元格内，并且部分信息出现了遗漏的情况，因此还需进行二次调整。

17		14		疏散指示灯
18	16|15			应急照明灯(自带不燃材料密闭透光罩)|安全出口灯
19	17			声控开关

图 6-19 提取效果不佳的情况

在如图 6-18 所示的对话框中，第一行有一系列蓝色字体，带有蓝色字体的列即为已选择了对应关系的列。在这个对话框的第一行中，除"图例"不可调整对应关系外，其它列的单元格也只能在如图 6-20 所示中四项内容中选取其一进行调整。因此，参照图 6-20 对表格内容进行二次处理时，对于不属于"设备名称""类型""规格型号"和"备注"这四项内容信息的，可以直接忽略，并在后续操作中删除。

操作 4：如图 6-21 所示，单击"疏散指示灯"左侧的图例单元格，再单击单元格内出现的 … 按钮。此时，对话框消失。利用鼠标点选或框选设备材料表中的疏散指示灯图例，单击鼠标右键，则疏散指示灯的图例会按重新提取的效果进行显示，如图 6-22 所示。

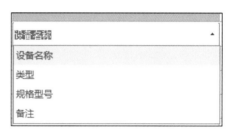

图 6-20 可供选择四项列对应关系

图 6-21 提取按钮

图 6-22 重新提取的效果

操作 5：参照操作 4 的方法并结合手动输入修改的操作，修改疏散指示灯、应急照明灯与设备材料表有出入的内容，并在表格多余的空白单元格重新提取"安全出口灯"的图例、设备名称、规格型号和安装高度信息，完成效果如图 6-23 所示。

17			疏散指示灯	LED 自带蓄电池,应急照明时间不小于60分	套	图详	吊装(距梁或吊顶)不小于0.3m,嵌墙暗装,底边距地0.3m	层底标高+0.3	灯具(只连单立管)
18	16|15		应急照明灯	2x10W(自带蓄电池,应急照明时间不小于60分)	套|套	图详|图详	柱/壁装底边距地2.0m	层底标高+2	灯具(只连单立管)
19	17		声控开关	250V, 10A	个	图详	底边距1.3m嵌墙暗装	层底标高+1.3	开关(可连多立管)
20	18	E	安全出口灯	LED 自带蓄电池,应急照明时间不小于60分			距地2.5m	层底标高+2.5	灯具(只连单立管)

图 6-23 修改完成的效果

软件可以根据设备材料中的安装高度自动读取安装高度的信息，并将其匹配至"标高"列对应的单元格中，如图 6-24 所示。但有时也会匹配错误，仍需人工进行二次检查。

	标高(m)
	层底标高
安装方式及高度	层顶标高
落地安装	层底标高
底边距地1.5m嵌墙暗装	层底标高+1.5
底边距地1.5m嵌墙暗装	层底标高+1.5
吸顶	层顶标高
吸顶	层顶标高
底边距地1.3m嵌墙暗装	层底标高+1.3

图 6-24　自动匹配的标高

操作 6：如图 6-25 所示，利用"识别材料表——请选择对应列"对话框下方的表格编辑按钮 删除行 删除列，删除多余的行与列，再删除"配电箱""总等电位箱"和"局部等电位箱"。如图 6-26 所示，修改"应急照明灯"中的"对应构件"为"灯具（可连多立管）"。

图 6-25　表格编辑按钮

1	图例	设备名称	规格型号	标高(m)	对应构件
2		双管荧光灯	T8-2x36W	层顶标高	灯具(只连单立管)
3		吸顶灯	节能灯18W	层顶标高	灯具(只连单立管)
4		暗装单极照明开关	250V, 10A	层底标高+1.3	开关(可连多立管)
5		暗装双极照明开关	250V, 10A	层底标高+1.3	开关(可连多立管)
6		暗装三极照明开关	250V, 10A	层底标高+1.3	开关(可连多立管)
7		五孔暗装插座	250V,16A,安全型	层底标高+0.3	插座(可连多立管)
8		单相空调插座	250V,16A,安全型	层底标高+2	插座(可连多立管)
9		单相空调插座	250V,16A,安全型	层底标高+0.3	插座(可连多立管)
10		疏散指示灯	LED 自带蓄电池,应急照明时间不小于60分	层底标高+0.3	灯具(只连单立管)
11		应急照明灯	2x10W(自带电池,应急照明时间不小于60分)	层底标高+2	灯具(可连多立管)
12		声控开关	250V, 10A	层底标高+1.3	开关(可连多立管)
13	E	安全出口灯	LED 自带蓄电池,应急照明时间不小于60分	层底标高+2.5	灯具(只连单立管)

图 6-26　删除行与列的表格效果

操作 7：单击"设备名称"列中的任一单元格，再单击图 6-25 中的 复制列 图标按钮，复制出新的一列，并将该列的对应关系修改为"类型"，如图 6-27 所示。单击 确定 图标按钮完成操作，则在构件列表中，软件就会根据图 6-27 所示的属性信息自动创建构件，可省去大量的手工新建构件的时间。

	图例	设备名称	类型	规格型号	标高(m)	对应构件
1						
2		双管荧光灯	双管荧光灯	T8-2x36W	层顶标高	灯具(只连单立管)
3		吸顶灯	吸顶灯	节能灯18W	层顶标高	灯具(只连单立管)
4		暗装单极照明开关	暗装单极照明开关	250V, 10A	层底标高+1.3	开关(可连多立管)
5		暗装双极照明开关	暗装双极照明开关	250V, 10A	层底标高+1.3	开关(可连多立管)
6		暗装三极照明开关	暗装三极照明开关	250V, 10A	层底标高+1.3	开关(可连多立管)
7		五孔暗装插座	五孔暗装插座	250V,16A,安全型	层底标高+0.3	插座(可连多立管)
8		单相空调插座	单相空调插座	250V,16A,安全型	层底标高+2	插座(可连多立管)
9		单相空调插座	单相空调插座	250V,16A,安全型	层底标高+2	插座(可连多立管)
10		疏散指示灯	疏散指示灯	LED 自带蓄电池,应急照明时间不小于60分	层底标高+0.3	灯具(只连单立管)
11		应急照明灯	应急照明灯	2x10W(自带蓄电池,应急照明时间不小于60分)	层底标高+2	灯具(只连单立管)
12		声控开关	声控开关	250V, 10A	层底标高+1.3	开关(可连多立管)
13	E	安全出口灯	安全出口灯	LED 自带蓄电池,应急照明时间不小于60分	层底标高+2.5	灯具(只连单立管)

新复制的一列

图 6-27　表格的最终效果

需要注意，若跳过操作 7，直接单击 确定 完成操作，则生成的构件会因为缺少类型的指定，而按照默认的类型名称完成构件的自动创建，这样的操作往往会出现一些错误，如灯具中的吸顶灯将按照荧光灯进行匹配，如图 6-28 所示。

	属性		
	属性名称	属性值	附加
1	名称	吸顶灯	
2	类型	吸顶灯	☑
3	规格型号	节能灯18W	☑
4	可连立管根数	单根	
5	标高(m)	层顶标高	
6	所在位置		
7	系统类型	照明系统	

	属性		
	属性名称	属性值	附加
1	名称	吸顶灯	
2	类型	荧光灯	☑
3	规格型号	节能灯18W	☑
4	可连立管根数	单根	
5	标高(m)	层顶标高	
6	所在位置		
7	系统类型	照明系统	

a）正确操作的灯具构件属性　　　　b）未正确操作的灯具构件属性

图 6-28　类型进行指定与未进行指定的构架属性差异

在图 6-27 所示的表格中，还删掉了"配电箱""总等电位箱"和"局部等电位箱"的对应内容，这是因为在之前的操作中，已利用"配电箱识别"方法完成了对应建模，且使用识别"材料表"方法创建的构件不符合软件创建配电箱的一般原则，而"总等电位箱"和"局部等电位箱"属于防雷接地系统，在这里暂不予考虑。

完成构件的创建后，再使用"设备提量"和"漏量检查"结合的方法，不难完成图 6-27 中各个设备材料的建模工作。

材料表识别

6.7 删除 CAD 图纸

为避免错误，在"设备提量"前，应删除之前插入的"设备材料表"图纸。

在绘图区域中，当软件处于选择状态时，只可选中在绘图区域中已完成建模的构件，无法选中 CAD 图线。这样的设定，方便在操作时，对建模的构件直接选中进行处理。

为方便对绘图区域中的 CAD 图进行处理，软件也提供了相应的功能，具体操作如下。

操作 1：在"绘制"选项卡中，单击功能区→"CAD 编辑"区域→ 图标按钮，如图 6-29 所示，启用该功能。

操作 2：根据文字提示栏内容，框选之前插入的"设备材料表"，单击鼠标右键，完成确认，这样选中的 CAD 图线就被全部删除了。

软件处理 CAD 图线时，需要启用"CAD 编辑"功能区域中的对应操作，只有通过这些功能才能对 CAD 图线进行处理，如图 6-30 所示。

图 6-29 启用"C 删除"功能

删除 CAD

图 6-30 "CAD 编辑"功能区域的其它功能

"CAD 编辑"中的功能操作都比较简单，读者可以自行尝试。

6.8 荧光灯、开关建模注意事项

利用"设备提量"处理荧光灯、开关建模时，还需注意荧光灯和开关使用"设备提量"处理的先后顺序，应按照先繁后简的原则来执行。

多联开关、多管荧光灯的区别只是图例中增加了几根短线，如图 6-31 所示。在一些设计不规范的图纸中，并非所有的开关、荧光灯都会使用完整的图块来表达，有时设计者会使用最简单的图块加上相应的短线，来表达更复杂的器具情况，如使用单联开关的图块加上两根短线来表达三联开关的图例。

由于未使用完整的图块，如果不注意"设备提量"时的先繁后简顺序，很容易造成识别漏项或错误。

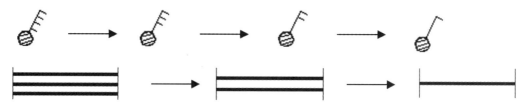

图 6-31　多联开关、多管荧光灯的建模顺序

本实例工程的荧光灯具只存在双管荧光灯一种，"设备提量"操作时，只需注意开关的提量的先后顺序即可。

结合"漏量检查"，不难完成在"材料表识别"操作中自动创建的构件的建模操作。需要注意的是，"漏量检查"无法检查绘图区域中以非图块方式绘制的图例符号，而本实例图纸中的声控开关图例符号均采用非图块的方式来绘制，如图 6-32 所示，因此应单独使用"设备提量"进行处理。

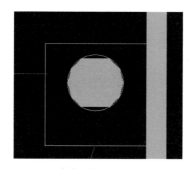

图 6-32　图中非图块方式绘制的声控开关

6.9　配电系统图识别

完成配电箱和灯具、开关、插座的建模后，根据构件创建顺序，接下来要处理配电配线工程。通过配电系统图，能清楚地掌握各条电气管线采用的型号规格和敷设安装方式，但更重要的是，需要严格按照系统图上管线连接配置的情况，来确定识别电气管线的先后顺序。通过整理配电系统图，可得到实例工程的配电关系图，如图 6-33 所示。

按照这样的配电组织关系，应首先处理 AM 总配电箱的配电配线，接着再处理各楼层配电以及应急照明，具体操作如下。

操作 1：利用"插入图纸"的方法，将之前导出的图纸"配电系统图"导入绘图区域中。

操作 2：确保"电缆导管"构件类型处于选中状态，单击"系统图"图标按钮（图 6-34），启用该功能，弹出"配电系统设置"对话框，如图 6-35 所示。

操作 3：在图 6-35 所示的对话框中，确保左侧"配电箱柜（电）"构件列表栏中，"AM总配电箱"处于选中状态。单击 读系统图 图标按钮，启用该功能。

操作 4：对话框消失，根据文字提示栏的内容，框选需要提取的配电系统图内容，如图 6-36 所示，单击鼠标右键完成确认。

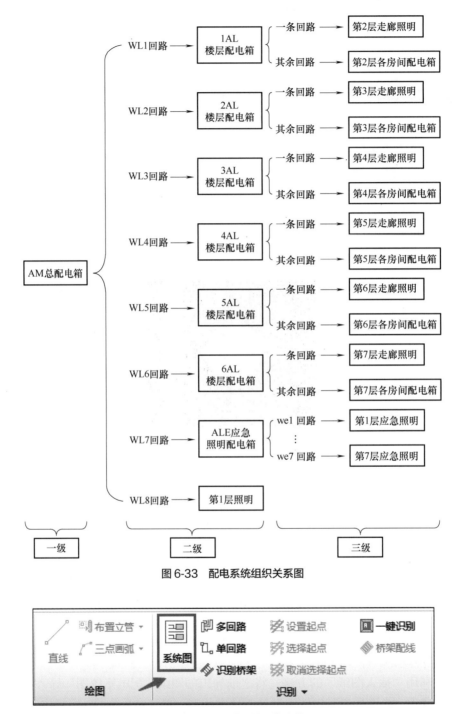

图 6-33 配电系统组织关系图

图 6-34 启用"系统图"功能

需要注意的是，框选的内容应包括回路编号、线路规格、敷设方式以及末端负荷情况。

这时，对话框重新出现，且在右侧数据表格中，出现提取的配电系统图数据，如图 6-37 所示。确认提取数据和信息无误后，就可进行下一步操作了。

图 6-35　"配电系统设置"对话框

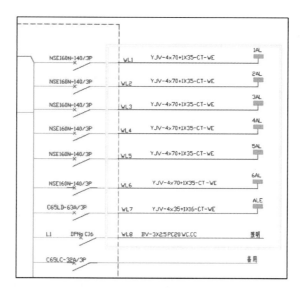

图 6-36　框选配电系统图

	名称	回路编号	导线规格型号	导管规格型号	敷设方式	末端负荷	标高(m)	系统类型	配电箱信息	对应构件	备注
2	AM-WL1	WL1	YJV-4x70+1X35		CT-WE		层顶标高	动力系统	AM	电缆导管-电缆	
3	AM-WL2	WL2	YJV-4x70+1X35		CT-WE		层顶标高	动力系统	AM	电缆导管-电缆	
4	AM-WL3	WL3	YJV-4x70+1X35		CT-WE		层顶标高	动力系统	AM	电缆导管-电缆	
5	AM-WL4	WL4	YJV-4x70+1X35		CT-WE		层顶标高	动力系统	AM	电缆导管-电缆	
6	AM-WL5	WL5	YJV-4x70+1X35		CT-WE		层顶标高	动力系统	AM	电缆导管-电缆	
7	AM-WL6	WL6	YJV-4x70+1X35		CT -WE		层顶标高	动力系统	AM	电缆导管-电缆	
8	AM-WL7	WL7	YJV-4x35+1X16		CT-WE		层顶标高	动力系统	AM	电缆导管-电缆	
9	AM-WL8	WL8	BV-3X2.5	PC20	WC.CC	照明	层顶标高	照明系统	AM	电线导管-配管	

图 6-37　提取的配电系统图数据

操作 5：单击 确定 图标按钮，完成操作，这样在构件列表中，就会按照提取的系统图配置信息在构件列表中自动创建构件，如图 6-38 所示。

配电系统图识别

观察图 6-38，可以发现，被创建的线缆构件中，唯独缺少表达 WL8 这一回路的构件。该构件属于"电线导管"类型，可通过单击对应的构件类型，找到该构件，如图 6-39 所示。

图 6-38 自动创建的线缆构件

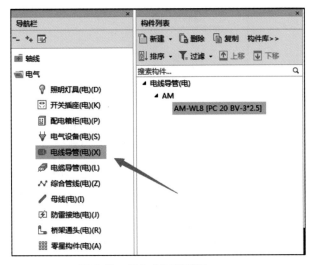

图 6-39 单击"电线导管"

6.10 垂直桥架的布置——立管布置

根据图纸情况，AM 总配电箱引出的 WL1~WL6 回路，需要经过首层水平桥架，再接垂直桥架连接到各个楼层的楼层配电箱去。在首层平面图中，WL1~WL6 回路从配电箱引出并接至各个楼层，仅用一条 CAD 图线和文字标识来表达这一情况，如图 6-40 所示。

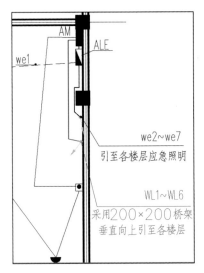

图 6-40 AM 总配电箱引出的 WL1~WL6 回路

6.10.1　新建桥架的构件属性设置

新建桥架的构件属性设置的具体操作如下。

操作 1：确保"电缆导管"构件类型处于选中状态，单击"新建"→"新建桥架"图标按钮，如图 6-41 所示。

图 6-41　单击"新建桥架"图标按钮

操作 2：修改桥架的对应属性，如图 6-42 所示。

图 6-42　修改桥架属性

6.10.2　桥架通头选项

在处理桥架建模前，还需确认桥架通头选项是否处于打开状态。

按照消火栓工程中介绍"显示跨层图元"的方法，进入"选项"设置中的"其它"选项卡，勾选"生成桥架/线槽通头"选项，如图 6-43 所示。

图 6-43　勾选"生成桥架 / 线槽通头"

如果不进行勾选，直接进行桥架建模，后期再修改该选项，则无法使已完成建模的桥架构件重新产生桥架通头效果，因此，务必在桥架建模时勾选该选项。

温馨提示：

综合使用情况来看，软件新增功能——"桥架通头"对构件观察和操作细节提出了更高的要求。对于不需要统计桥架通头的工程，本书不推荐生成桥架通头，只需要保证桥架首尾相连、中间无断开，即可保证其它工程量的完整性。

6.10.3　水平段桥架处理

水平段桥架处理的具体操作如下。

操作 1：确保"电缆导管"构件类型处于选中状态，单击"选择识别"图标按钮（图 6-44），启用该功能。

操作 2：根据文字提示栏内容，选中桥架水平段的 CAD 图线，单击鼠标右键，将其匹配为"金属桥架 200×200"构件即可。

6.10.4　垂直段桥架处理——立管布置

在水平段桥架的末端，会有一条红色的线，需要在此处布置垂直桥架，完成配电配线的敷设，如图 6-45 所示。具体操作如下。

操作 1：单击 布置立管 图标按钮（图 6-46），启用该功能。

图 6-44　单击"选择识别"图标按钮

图 6-45　连接垂直桥架的位置

图 6-46　单击"布置立管"图标按钮

操作 2：根据文字提示栏内容，将立管布置在图 6-45 中的红线中点位置，并修改弹出的"立管标高设置"对话框中的信息内容，如图 6-47 所示。

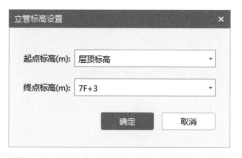

图 6-47　修改完成的"立管标高设置"对话框

桥架的建模

之前设定的水平段桥架标高为首层的层顶标高，因此这里的立管起点标高应保持一致，以免产生错误。WL6 回路直接敷设至第 7 层，为第 7 层的 6AL 配电箱供电使用。考虑到 6AL 配电箱位于楼梯口，属于人员流动较频繁的位置，因此，将电缆高度定为第 7 层的层顶位置，即"7F（第 7 层的层底标高）+3（第 7 层的层高）"。

6.11　设置起点和选择起点

由于 WL1 回路是从首层 AM 总配电箱接至第 2 层的 1AL 楼层配电箱的，在首层完成桥架的布置后，需要将楼层切换至"第 2 层"，且先处理从桥架引出接到配电箱的电缆，如图 6-48 所示。

这里可参照之前水平桥架的处理方法"选择识别"，将从桥架引出的电缆识别成构件列表中的"AM-WL1"构件，完成该段电缆的建模工作，如图 6-49 所示。

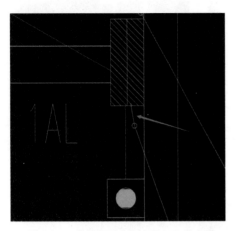

图 6-48　从桥架引出连接至 1AL 的电缆

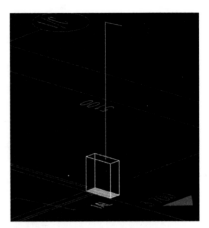

图 6-49　引出段电缆完成建模

利用"汇总计算"计算所有楼层的工程量，观察得到的线缆工程量，可以发现电缆的工程量仅有 4.929m，这明显与实际情况不符，如图 6-50 所示。

构件类型	电气		电缆导管(电)		✓ 查看线缆工程量			
分类条件			**工程量**					
回路编号	导线规格型号	线/缆合计 (m)	水平管内/裸敷的长度 (m)	垂直管内/裸敷的长度 (m)	管内线/缆小计 (m)	线预留长度 (m)	线缆端头个数(个)
1	WL1	YJV-4*70+1*35	4.929	0.272	2.000	2.272	2.657	1.000
2		总计	4.929	0.272	2.000	2.272	2.657	1.000

设置构件范围　设置分类及工程量　导出到Excel　导出到已有Excel　□ 显示小计　　　　　退出

图 6-50　所得的电缆工程量

计算结果说明软件并没有计算在桥架内敷设的线缆工程量，因此还需单独进行处理。

温馨提示：

图 6-50 中线缆"查看分类汇总工程量"的显示情况，在本节只给出了对应的例子以方便说明。如何调用该表格显示内容，将在本章后续部分予以说明。

6.11.1　设置起点

WL1~WL6 这六个回路都源自于首层 AM 总配电箱，首先需要进行"设置起点"操作，具体操作如下。

操作 1：将楼层切换至"首层"，并确保"电缆导管"构件类型始终处于选中状态。

操作 2：单击 ✗ 设置起点 图标按钮（图 6-51），根据文字提示栏内容，单击 AM 总配电箱引出端立管位置，如图 6-52 所示。

操作 3：此时，弹出"设置起点位置"对话框，如图 6-53 所示。立管对应的起点标高为 AM 总配电箱上部的出线点，即 WL1~WL6 这六个回路的起点。单击 确定 图标按钮完成操作。

图 6-51　单击"设置起点"图标按钮

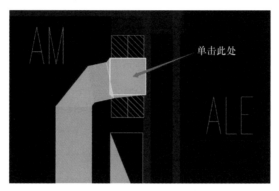

图 6-52　单击 AM 总配电箱立管位置

这样，在 AM 总配电箱上部的出线点会有一个黄色的"×"线，表示已进行了"设置起点"操作，如图 6-54 所示。

图 6-53　"设置起点位置"对话框

图 6-54　完成"设置起点"操作后出现的"×"

温馨提示：

启用"设置起点"操作时，单击两次相同位置，对应模型位置的"×"将会被取消，因此，该操作可以用来修正起点设置有误的情况。需要注意的是，由于软件操作中开启了"生成桥架通头"的选项，因此当以平面俯视视角观察时，"设置起点"操作中出现的"×"会被粉色的桥架通头所遮挡。针对这种情况，应使用"动态观察"调整角度方可观察到图 6-54 中出现的"×"。

6.11.2　选择起点

设置起点完成后，接着进行分线段线缆的"选择起点"处理，具体操作如下。

操作1：将楼层切换至"第2层"，并确保"电缆导管"构件类型始终处于选中状态。

操作2：单击 选择起点 图标按钮，根据文字提示栏内容，单击水平段线缆，如图6-55所示，单击鼠标右键完成确认。

操作3：在弹出的"选择起点"设置框中，单击左上角的楼层下拉选项框，单击"首层"（图6-56）。这时，设置框状态切换至"首层"状态。

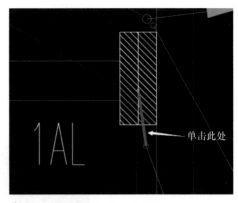

图6-55　单击水平段线缆

由于WL1回路线缆的起点位置是位于首层的配电箱出线端，因此，在对"选择起点"设置框进行设置时，需要先切换至首层，才可进行后续操作。

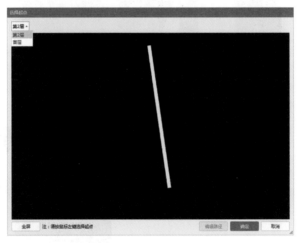

图6-56　在设置框中单击"首层"

操作4：在首层对应的"选择起点"设置框中，单击标识"AM"的黄色圆圈位置（图6-57），设置框内的线路将变为绿色，单击 确定 图标按钮完成操作。

这时，在操作2中选中的水平段线缆变为黄色（图6-58），表示该线缆构件已进行了"选择起点"处理。

图6-57　单击AM总配电箱

图6-58　完成"选择起点"处理的线缆变为黄色

再次"汇总计算"，对比图 6-50 和图 6-59 可以发现，线缆合计的工程量增加，并单独出现"桥架中线的长度"一列，说明软件已成功计算桥架中的线缆量。

	分类条件		工程量					
	回路编号	导线规格型号	线/缆合计 (m)	水平管内/裸线的长度 (m)	垂直管内/裸线的长度 (m)	管内线/缆小计 (m)	桥架中线的长度 (m)	线预留长度 (m)	线缆端头个数 (个)
1	WL1	YJV-4*70+1*35	18.697	0.272	2.000	2.272	10.895	5.529	2.000
2		总计	18.697	0.272	2.000	2.272	10.895	5.529	2.000

图 6-59 重新计算汇总得到的线缆工程量

参照上述方法，不难把余下的 WL2~WL6 回路线缆的建模工作逐一完成。

6.11.3 检查回路

WL1~WL6 回路的线缆工程量由桥架内和桥架外两部分线缆组成，使用"图元查量"功能无法完整显示整个回路的线缆情况。软件提供了"检查回路"功能来解决这一问题，具体操作如下。

操作：确认楼层状态处于"第 2 层"，单击 [检查回路] 图标按钮（图 6-60），启用该功能，单击 WL1 回路中桥架外的线缆，这时在绘图区域中就会出现该回路路径和线缆工程量，如图 6-61 所示。

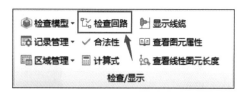

图 6-60 单击"检查回路"图标按钮

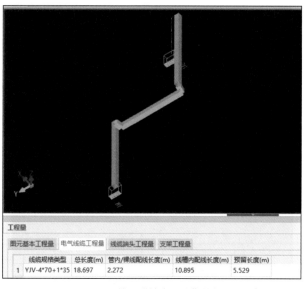

图 6-61 使用"检查回路"的效果

利用该方法可以有效地查看使用"选择起点"处理的回路路径和工程量情况。在对 WL3~WL5 回路使用"检查回路"时可以发现，仅在较低的第 4 层位置出现完整的回路路径，而第 5 层和第 6 层均未显示对应的桥架，如图 6-62 所示。这是因为本实例工程的第 4~6 层为标准层，已在之前的设置中，通过修改相同楼层数量，来完成这种楼层的设置。这样设置的好处是：在一张平面图中完成建模后，软件可自动建立其余相同楼层的模型，从而达到快速建模的目的，图 6-62 中出现了 3 个配电箱及连接线缆的模型便是这样设置的结果。

实例工程的桥架是在首层布置并垂直向上穿过各个楼层的，而本工程第 4~6 层为配置完全相同的标准层，在使用"检查回路"时，无论单击第 5 层还是第 6 层的线缆，软件都只会显示标准层中较低位置 WL3 回路的线缆路径，但这样的显示效果，并不会影响软件的线缆工程量，WL5~WL6 回路仍按正确的路径计算，并统计到对应的工程量中。因此，读者使用时，无须担心该情况下的工程量准确性。

设置起点与
选择起点

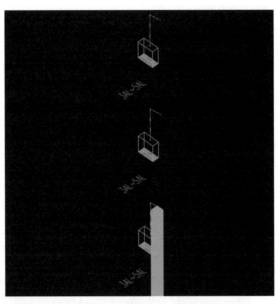

图 6-62　WL3~WL5 回路使用"检查回路"效果

6.11.4　"选择起点"的注意事项——错误提示的处理

按照上述方法，对 WL2 和 WL6 回路进行"选择起点"操作时，在"选择起点"对话框中会出现错误提示，导致无法完成后续操作，如图 6-63 所示。

图 6-63　无法进行"选择起点"的错误提示

由于其它回路已完成"选择起点"操作，因此排除"没有桥架起点"这样的可能，造成错误的原因应为线管未与桥架相连。

参照之前的方法，打开"显示跨层图元"选项，对比可以发现，无法完成"选择起点"操作的 2AL、6AL 回路，水平管的起点端穿过了桥架，未在桥架内，如图 6-64 所示。造成这些问题的原因主要是本设计图在上下配线点的绘制误差，这也是传统二维设计的弊端之一。单击该线管构件，将起点端调整至桥架内（图 6-65），即可完成"选择起点"的后续操作。

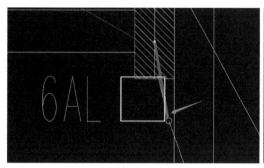

a) 6AL与桥架位置图 b) 3AL~5AL与桥架位置图

图 6-64　各回路与桥架的位置关系图

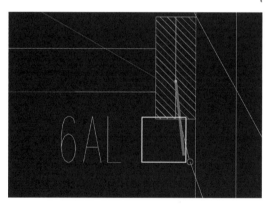

图 6-65　调整位置情况

"选择起点"的注
意事项——错误
提示的处理

6.12　多个楼层的构件模型组合——选择楼层

完成 WL1~WL6 回路后，可通过软件提供的"选择楼层"来查看多楼层模型之间的组合效果，具体操作如下。

操作 1：单击功能区"视图"选项卡→"选择楼层及图元显示设置"图标按钮（图 6-66），启用该功能，界面右侧出现"显示设置"设置框。

操作 2：在"显示设置"界面中，点选"全部楼层"左侧的○（图 6-67），软件绘图区域就会显示所有楼层的构件模型的组合效果，如图 6-68 所示。

图 6-66　启用"选择楼层及图元显示设置"功能

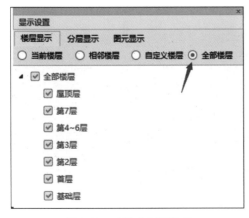

图 6-67　点选"全部楼层"

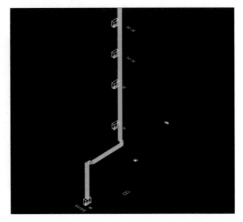

图 6-68　WL1~WL6 构件的组合效果

　　使用"选择楼层"查看多楼层的模型组合效果是经常需要用到的一个功能。如图 6-67 所示，可在"当前楼层""相邻楼层""自定义楼层"和"全部楼层"4 个选项中进行选择，以满足用户的各类需求。需要注意的是，随着建模构件的增多，使用"选择楼层"查看多楼层组合效果也越来越考验电脑的硬件配置，因此使用该功能前，应注意先保存文件，避免软件长时间等待或卡死，造成文件丢失的情况。

多楼层组合——
选择楼层

　　此外，使用"全部楼层"查看完毕后，应及时点选"当前楼层"选项，恢复至正常状态。在视图处于"全部楼层"观察状态时，很多功能操作是无法使用的。

6.13　桥架配线

　　根据图 6-33，接着处理 WL7 回路。

　　观察配电系统图和平面图可以发现，该回路为从 AM 总配电箱连接至 ALE 应急照明配电箱供电使用，回路的路径较短，全程使用桥架。

　　将楼层切换至"首层"，并确保"电缆导管"构件类型始终处于选中状态。利用"直线"功能沿着 WL7 回路敷设的路径绘制桥架，其中，直线绘制构件的属性按图 6-69 设置即可，最终绘制完成效果如图 6-70 所示。

　　由于全程没有一处桥架外的线缆，因此，无法使用之前的"设置起点"和"选择起点"操作，而需要使用别的功能来完成，具体操作如下。

	属性名称	属性值	附加
1	名称	金属桥架 50*50	
2	系统类型	动力系统	☐
3	桥架材质	钢制桥架	☑
4	宽度(mm)	50	☑
5	高度(mm)	50	☑
6	所在位置		☐
7	敷设方式		☐
8	起点标高(m)	层顶标高	☐
9	终点标高(m)	层顶标高	☐

图 6-69　利用直线绘制桥架的构件属性

图 6-70　直线绘制效果

操作 1：单击 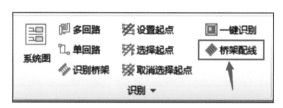 图标按钮（图 6-71），根据文字提示栏内容，分别选中连接 AM 总配电箱和 ALE 应急照明配电箱的两处立管。这时，连接两段立管之间的水平桥架，同时变为绿色，表示连接两个配电箱之间的桥架被全部选中。单击鼠标右键，完成确认，弹出"选择构件"对话框，如图 6-72 所示。

图 6-71　单击"桥架配线"图标按钮

使用"桥架配线"功能操作时，只需先选中起点端和终点端两段桥架，再连接这两段桥架的中间部分，即可选中该范围内的全部桥架，大大提升选中效率。

操作 2：在"选择构件"对话框中，勾选"AM-WL7"构件，核对其配电箱信息和回路编号（图 6-72），确保无误后，单击 确定 图标按钮，完成操作。

这样，在桥架中就完成了线缆的配线操作。

在本节中介绍的金属桥架 50×50 建模时，并未采用"选择识别"的方式，而是采用"直线"的方式来完成，这是因为"选择识别"完成的 50×50 桥架会出现在原 200×200 桥架的内部（图 6-73），对于初学者来说，并不方便进行选中，从而会造成重复建模，因此，该方法不推荐在这里使用。

图 6-72　勾选完成的"选择构件"对话框

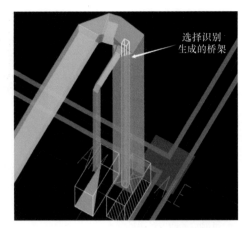

图 6-73　采用"选择识别"生成的桥架（此处不适用）

6.14　墙体识别和跨楼层选择构件

完成上述操作后，AM 总配电箱仅剩下 WL8 回路需要处理，如图 6-74 所示。

WL8BV-3X2.5 PC20 WC.CC　　　　照明

图 6-74　WL8 回路的配电配线情况

该回路为照明回路，配管配线还需要考虑沿墙和沿顶部暗敷。配电配线工程中，沿墙暗敷需要考虑剔除和还原墙体的工程量，因此在正式处理该照明回路之前，还需要考虑布置墙体构件。

6.14.1　墙体识别

墙体识别的具体操作如下。

操作 1：单击构件导航栏"建筑结构"中的"墙"图标按钮（图 6-75），切换功能区按钮。

操作 2：单击功能区中的"自动识别"图标按钮（图 6-76），根据文字提示栏内容，单击绘图区域中表示墙体的两条边线；单击鼠标右键，并在弹出的"选择楼层"对话框中，勾选所有的楼层，单击 确定 图标按钮。软件经过一段时间处理后，将在各个楼层生成以两条边线之间的距离为厚度的墙体构件。

操作 3：检查当前及其它楼层，按照操作 1 和操作 2 的方法，完成未被识别的墙体构件的布置。

操作 1~ 操作 3 的优点在于适用面很广，准确性高，缺点在于每次只能处理一种厚度的墙体构件。

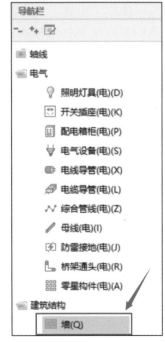

图 6-75　单击"墙"图标按钮

此外，在单击启用墙体"自动识别"时，还可以直接单击鼠标右键；勾选所有楼层后，软件将完成图中所有厚度的墙体构件的建模。

采用"自动识别"效率高，但准确性不足，会把一些不需要的平行线也识别成安装算量过程中需要剔槽的墙体。另外，一些绘制不规范的图纸，采用此方法的识别效果会很差。因此，仍推荐使用识别选中墙体两平行线的方法完成墙体的建模。

图6-76　单击"自动识别"图标按钮

墙体识别

6.14.2　跨楼层选中构件

自动识别生成的墙体构件，其类型为"内墙"，如图6-77所示。

软件对于墙体类型共有"内墙""外墙""砌块墙"和"人防墙"四种设置，如图6-78所示。只有设置为"砌块墙"时，软件才能正确计算墙体的剔槽工程量。因此，需要对已通过"自动识别"完成建模的墙体批量修改为"砌块墙"，具体操作如下。

操作1：启用"批量选择"功能，在"批量选择构件图元"对话框中，取消勾选"当前楼层"和"显示构件"，单击 确定 图标按钮。这样，软件就将整个工程所有的墙体构件一并选中了，如图6-79所示。

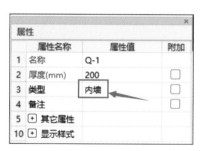

图6-77　自动生成的墙体构件属性

图6-78　"墙体"类型下拉框

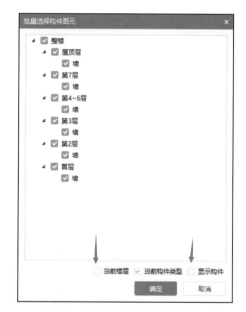

图6-79　选中所有楼层的墙体构件

操作2：利用下拉框选项，修改构件的类型为"砌块墙"。

这样所有楼层的墙体构件都被改为砌块墙。

利用各勾选项，可以更精准地选中需要的构件。

跨楼层选中构件

6.15　照明回路识别——多回路

WL8 照明回路采用的是 BV 电线，因此需要切换构件类型，并使用相应的操作功能来完成，具体操作如下。

操作 1：在构件导航栏中单击"电线导管"构件类型，切换功能区。

操作 2：单击 多回路 图标按钮（图 6-80），根据文字提示栏内容，依次单击平面图中表示该回路的 CAD 线和回路编号的文字标识"WL8"。单击鼠标右键两次，完成确认，弹出"回路信息"对话框。

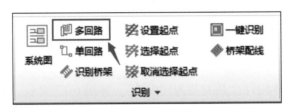

图 6-80　单击"多回路"图标按钮

温馨提示：

　　该回路连接的设备、器具（灯具、开关等），在本操作前已全部建模完毕，只需单击表示该回路的其中任意一条 CAD 线，即可使表示该回路的所有 CAD 线都被选中。本例中，如果未能一次单击全部选中，请先检查之前的器具是否建模完毕，如声控开关。其它情况下，如果所选回路的图线还有遗漏或错误，可通过单击对应 CAD 线完成补选和取消。

操作 3：确认"回路信息"对话框中的表格数据无误后（图 6-81），单击 确定 图标按钮，软件会根据图 6-81 中的信息，完成 WL8 回路线缆的建模操作。

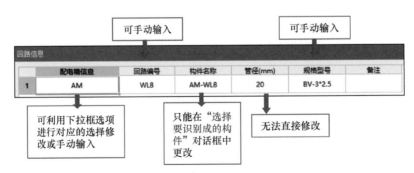

图 6-81　"回路信息"对话框

操作 2 中提取回路编号文字，是为了方便在"回路信息"对话框中快速自动匹配构件。如果不提取该回路编号，则弹出的"回路信息"对话框中只会显示如图 6-82 所示的内容。这样就必须按照图 6-81 的要求，完成对应信息数据的录入，才可完成回路线缆的建模工作。

回路信息						
	配电箱信息	回路编号	构件名称	管径(mm)	规格型号	备注
1	AM	N1				

图 6-82　不提取回路编号的对话框效果

此外，在如图 6-80 所示的功能按钮中，该回路还可利用"单回路"的操作来完成，但单回路的部分操作局限较大，没有"多回路"使用高效，因此，推荐使用"多回路"来完成照明线路的建模工作。

多回路识别照明回路

6.16　墙体剔槽工程量计算——批量选择管

WL8 回路线管剔槽只在墙体位置的立管予以考虑，水平管和没有墙体的立管是不可计算剔槽工程量的，而这些考虑剔槽的配管均为连接开关的立管，具体操作如下。

操作 1：确保"电线导管"构件类型始终处于选中状态，单击 批量选择管 图标按钮（图 6-83），根据文字提示栏内容，框选或使用"批量选择"选中绘图区域中所有的"AM-WL8"构件（图 6-84），单击鼠标右键完成确认。此时，弹出"批量选择管"对话框。

操作 2：如图 6-85 所示，在对话框中，"管构件列表"勾选电线导管构件"AM-WL8"，在"与管相连的设备"中勾选所有的开关，"管类型"选择"立管"，单击 确定 图标按钮，完成确认。这样，"AM-WL8"构件中连接开关的立管就被全部选中了。

图 6-83　单击"批量选择管"图标按钮

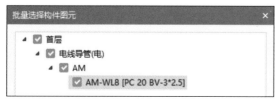

图 6-84　批量选中"AM-WL8"构件

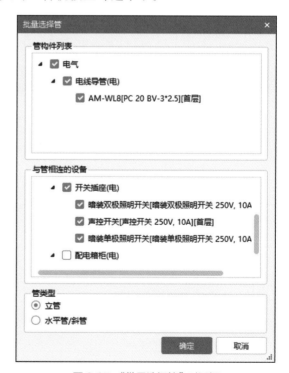

图 6-85　"批量选择管"对话框

操作 3：在所选构件的属性中，按图 6-86 所示修改对应属性。这样，软件将会根据修改结果进行剔槽工程量的计算，如图 6-87 所示。

至此，AM 总配电箱的所有回路构件均已完成建模工作。

批量选择管

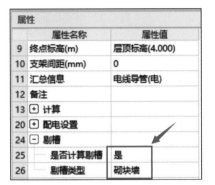

图 6-86　修改构件剔槽属性

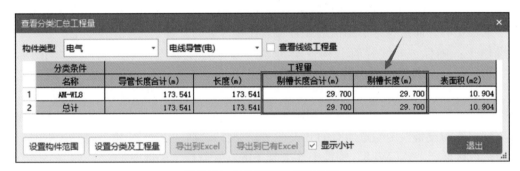

图 6-87　软件所得的其它工程量

6.17　配电系统设置的手动录入

根据图 6-33，接着处理 1AL 楼层配电箱。

按照"配电系统图的识别"操作方法，提取 1AL 配电系统信息，提取效果如图 6-88 所示。

图 6-88　1AL 配电箱系统图提取效果

1AL 配电系统图共有 23 根回路，由于各回路中的线缆大体相同，因此，设计图纸中使用省略号来表示相同配置的回路。这样简略的绘制方式，使得软件直接识别的结果很难满足实际需要。此外，回路编号也没有被提取进来。这些情况，都需要对"配电信息设置"表格进行手动录入处理。

如图 6-89 所示，"配电信息设置"表格中，除"标高"列需要遵照该软件标高录入要求（详见本书 3.9 节），以及"配电箱信息"列只能录入当前选定配电箱的信息外，其它列均只支持手动录入。除"回路编号"列可按顺序号进行填充外，其它单元格填充效果均为复制。

图 6-89 "配电信息设置"表格录入的注意事项

可以利用图 6-89 所示的表格编辑功能按钮，先加入对应数量的空白行，再利用上述操作特点，快速完成配电信息的录入。注意，该表格录入时不支持撤销。

实际工作中，由于部分图纸设计不规范或是不符合软件的识别条件，"配电信息设置"表格往往需要进行二次处理。因此，该操作务必熟练掌握。

配电系统图的
信息手动录入

6.18 桥架识别

第 2 层平面图中，桥架使用一组平行线来表示，其要求如图 6-90 所示。桥架识别的具体操作如下。

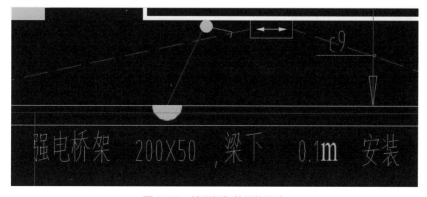

图 6-90 楼层桥架的具体要求

操作 1：将楼层切换至"第 2 层"，并确保"电线导管"构件类型始终处于选中状态。

操作 2：根据图 6-90 的要求，新建桥架构件，构件属性按图 6-91 设置，其余项按默认设置即可。

操作 3：单击 图标按钮（图 6-92），并根据文字提示栏内容，单击表示桥架的两条边线，再单击鼠标右键，弹出"构件编辑窗口"对话框。

操作 4：在"构件编辑窗口"中，修改"系统类型"和"配电设置"下的"回路编号"，最终修改效果如图 6-93 所示。单击 确认 图标按钮，软件在平行线路径生成对应的桥架模型。

操作 5：生成的桥架并没有与 1AL 楼层配电箱相连，还需利用"设备连管"功能或手动拖拽的方式完成 1AL 配电箱与桥架之间的连接。

图 6-91　新建桥架构件的属性

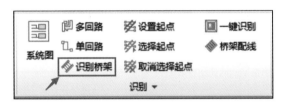

图 6-92　单击"识别桥架"图标按钮

桥架识别

图 6-93　识别桥架的"构件编辑窗口"效果

6.19　同时处理多条回路的注意事项

完成桥架的建模后，接着处理 1AL 各个回路的线缆。对照配电系统图和平面图可以发现，1AL 楼层配电箱中，c1~c22 回路均为从桥架引出连接至宿舍配电箱使用，而 c23 回路则为第 2 层的公共照明而设。首先处理 c1~c22 回路的建模。

6.19.1　多条回路识别注意事项

在本书 6.15 节中只处理了一条回路，在处理 WL8 回路时，直接单击了两次鼠标右键，完成确认。在同时处理多条回路时，操作细节上会有所不同，具体操作如下。

操作 1：确认"电线导管"构件类型始终处于选中状态，启用"多回路"识别功能，根据文字提示栏内容，依次单击平面图中 c1 回路编号的文字标识和该回路的 CAD 线，单击鼠标右键，完成确认。这时 c1 回路编号的文字标识会恢复为原来的颜色状态，说明已完成了提取工作。

操作 2：不退出操作 1，即处于"多回路"操作状态，按照操作 1 的方法，完成 c2~c21 回路的提取确认操作。

操作 3：不退出操作 1，即处于"多回路"操作状态，依次单击平面图中 c22 回路编号的文字标识和该回路的 CAD 线，单击鼠标右键两次，完成确认，弹出"回路信息"表格对话框，如图 6-94 所示。

在"回路信息"表格对话框中，由于 c1~c22 回路线缆部分是从桥架处引出，未直接与 1AL 配电箱相连，因此无法做到多回路自动匹配对应线缆构件的效果，需要在"回路信息"表格对话框中手动指定"构件名称"。

操作 4：单击"构件名称"单元格，再单击单元格出现的 按钮（图 6-94），在"选择要识别成的构件"对话框中选中对应回路的构件即可。由于该操作不支持序列填充，因此需要逐一操作完成。

	配电箱信息	回路编号	构件名称	管径(mm)	规格型号	备注
1	1AL	c1	1AL-c1	25	BV-3*6	
2	1AL	c2	1AL-c2	25	BV-3*6	
3	1AL	c3	1AL-c3	25	BV-3*6	
4	1AL	c4	1AL-c4	25	BV-3*6	
5	1AL	c5	1AL-c5	25	BV-3*6	
6	1AL	c6	1AL-c6	25	BV-3*6	
7	1AL	c7	1AL-c7	25	BV-3*6	

图 6-94　"回路信息"表格对话框

多条回路识别
时的注意事项

操作 5：单击 确定 图标按钮，完成操作。

这样，c1~c22 回路的线缆就按照设置好的内容完成建模。

6.19.2　"选择起点"的注意事项——与桥架相连接的线管

c1~c22 回路的起点为 1AL 楼层配电箱，这里参照之前的方法，对楼层配电箱完成起点的设置，如图 6-95 所示。

对于同一层平面图，在多根线管需要进行"选择起点"处理时，可以先启用"选择起点"功能，再批量选中与桥架相连的配管，即如图 6-96 所示的立管，最后统一选中 1AL 配电箱为起点，完成 c1~c22 回路的"选择起点"操作。这样只需要进行一次"选择起点"操作即可。

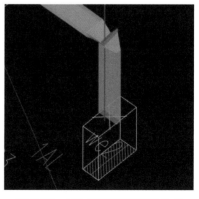

图 6-95　1AL 楼层配电箱设置起点

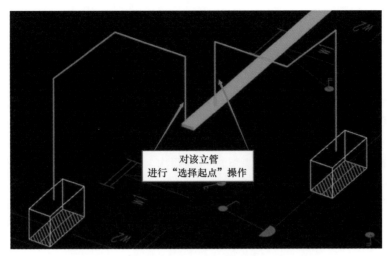

图 6-96　线缆从桥架引出连接宿舍配电箱的三维效果

在俯视状态时，初学者并不易发现与桥架连接的立管，自 GQI2018 版本起，软件优化了"选择起点"操作，即当与桥架相连的是立管时，选择起点时还可以选择与立管相连的水平管，如图 6-97 所示。而当与桥架相连的是水平管时，选择该水平管相连的其它管道则无法完成"选择起点"的后续操作。尽管软件在此功能上作出了一定的优化，但本书仍强烈推荐操作时优先选择与桥架相连的线管构件进行"选择起点"操作。

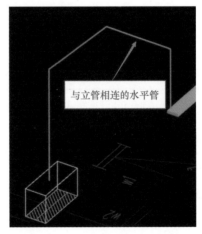

图 6-97　与立管相连的水平管

"选择起点"的注意事项——
与桥架相连接的线管

6.20　已建模构件的显示、隐藏和恢复

本节将对 c23 回路进行建模。观察绘图区域可以发现，c23 回路在公共走廊处的 CAD 线被已建模的桥架构件遮挡，这样的情况非常不方便进行后续处理。软件提供了对应的功能以便解决这样的问题，具体操作如下。

操作：确保"电线导管"构件类型始终处于选中状态，单击在绘图区域中布置的"强电桥架"构件，再单击鼠标右键，在展开的功能选项中，可以发现对应的功能按钮，如图 6-98 所示。

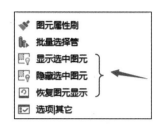

图 6-98 中，箭头所指的三个功能名称及效果见表 6-3。

图 6-98　功能选项中的构件显隐功能按钮

表 6-3　功能名称及对应效果

序　号	功能名称	效　　果
1	显示选中图元	选中的构件保留，其它未选中的构件全部隐藏
2	隐藏选中图元	只隐藏选中的构件
3	恢复图元显示	所有被隐藏的建模构件都恢复显示

根据图 6-98，将遮挡部分的桥架隐藏起来即可。利用"多回路"不难完成 c23 回路的建模操作。完成后，利用表 6-3 对应功能进行恢复即可。

这样，1AL 楼层配电箱内的所有回路建模操作就已全部完成，其它楼层配电箱参照上述方法完成即可。

构件的显示、隐藏和恢复

6.21　应急照明回路建模——组合管道

根据图 6-33，在完成所有楼层配电箱的回路建模后，接着需要进行 ALE 应急照明配电箱各回路的建模工作。

结合配电系统图和平面图的对应关系可以发现，we1 回路出现在首层中，直接使用"多回路"便可完成该回路的建模操作，而 we2~we7 回路需要分别接至第 2~7 层，完成对应楼层的应急照明使用。在首层平面图中，we2~we7 回路采用一条 CAD 线来表示多根回路，如图 6-99 所示，这与处理 AM 总配电箱 WL1~WL6 回路的情况非常相似。不同的是，ALE 应急照明配电箱中的所有回路均采用暗敷，且没有使用桥架敷设。软件提供了"组合管道"功能用以解决这样的问题，具体操作如下。

操作 1：将楼层切换至"首层"，并确认"电线导管"构件类型始终处于选中状态。利用之前配电系统设置的手动录入的方法将 ALE 应急照明配电箱各回路情况录入，实现回路构件的快速建立。

操作 2：新建组合管道构件，如图 6-100 所示，属性信息按默认设置即可，如图 6-101 所示。

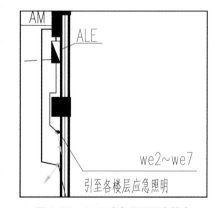

图 6-99　ALE 应急照明配电箱中
we2~we7 回路情况

图 6-100　新建组合管道

	属性名称	属性值	附加
1	名称	ZHGD-1	
2	宽度(mm)	200	☑
3	起点标高(m)	层顶标高	☐
4	终点标高(m)	层顶标高	☐
5	⊞ 计算		
7	⊞ 显示样式		
10	分组属性		

图 6-101　组合管道构件属性信息

操作 3：使用新建的组合管道构件，利用"选择识别"方法完成图 6-99 中红线部分的建模，并使用"立管布置"，按图 6-99 布置该组合管道构件的立管，立管起点和终点标高与之前的垂直段桥架相同，如图 6-102 所示。

操作 4：在 ALE 应急照明配电箱位置，组合管道的起点处进行"设置起点"操作。

操作 5：切换楼层至第 2 层，利用"多回路"识别第 2 层 we2 回路的线管。

操作 6：完成第 2 层线管的"选择起点"操作。

操作 7：按照操作 5 和操作 6 的方法，切换至其它楼层，完成 ALE 应急照明配电箱其它回路的建模操作。

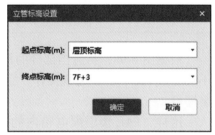

图 6-102　组合管道布置立管的起止点标高

这样，ALE 应急照明配电箱的所有回路就完成了建模工作。

组合管道

> **温馨提示：**
>
> 　　组合管道不具备任何工程量，其设置目的是通过处理一条 CAD 线表示多根回路且不使用桥架的情况。若不进行"设置起点"和"选择起点"操作，组合管道构件的存在就没有意义。

6.22　宿舍配电箱回路建模注意事项

由于宿舍配电箱回路采用竖向绘制的方式描述回路信息，因此无法直接使用"读系统图"方法来实现"配电信息设置"表格的快速录入，需要手动录入完成。注意 w2 插座回路的敷设方式为"WC.FC"，即沿墙和地板暗敷。完成敷设方式录入后，"回路信息"表格的"标高"会自动匹配为"层底标高"，如图 6-103 所示。

	名称	回路编号	导线规格型号	导管规格型号	敷设方式	末端负荷	标高(m)
1							
2	KH-w1	w1	BV3*2.5	PC20	WC.CC	照明	层顶标高
3	KH-w2	w2	BV3*4	PC20	WC.FC	插座	层底标高

图 6-103　KH 宿舍配电箱的"回路信息"编辑表格

各宿舍配电箱的回路敷设左右对称，完成其中一间宿舍的回路建模后，可利用"镜像"和"复制"方法，快速完成其它宿舍的回路建模工作。

此外，如果只是快速计算工程量，那么在完成其中一间宿舍的回路建模后，还可以利用设置"标准间"的方法来实现。这里需要注意的是，由于灯具、开关插座已通过"设备提量"的方法完成，这里只需要对配线配管进行"标准间乘以倍数"的处理即可。因此，使用"标准间"布置之前，灯具、开关插座的构件属性还应将"乘以标准间数量"调整为"否"，如图 6-104 所示。

图 6-104 关闭"乘以标准间数量"

使用"标准间"快速计算工程量时，还需注意第 2 层的层高为 4m，而第 3~7 层的层高为 3m。因此，标准间在第 2 层应单独设置一个标准间，而第 3~7 层设置另一个标准间，避免工程量计算错误。这样，本实例工程的管线构件就全部完成了建模工作。

宿舍配电箱回路
建模的注意事项

6.23 电线及电缆分类工程量查看

汇总计算完毕，在"查看分类汇总工程量"表格中无法直接查看对应的线缆工程量，如图 6-105 所示。只有勾选"查看线缆工程量"，才能查看对应的线缆工程量数据，如图 6-106 所示。

图 6-105 配管的分类工程量表格

线缆工程量的
分类查看

	分类条件		工程量			
	名称	导线规格型号	线/缆合计(m)	水平管内/裸线的长度(m)	垂直管内/裸线的长度(m)	管内线/缆小计(m)
1	AM-WL8	BV2.5	519.816	431.016	88.800	519.816
2		小计	519.816	431.016	88.800	519.816
3	总计		519.816	431.016	88.800	519.816

图 6-106 勾选后的分类工程量表格

6.24 零星构件处理——接线盒、灯头盒和开关插座盒建模

根据图 6-6，本节将处理零星构件。配电配线工程的零星构件一般为接线盒、灯头盒、开关插座盒，具体操作如下。

操作 1：在构件导航栏中单击选择"零星构件"构件类型，新建三个"接线盒"构件，并将其余两个构件类型分别修改为"灯头盒"和"开关插座盒"，如图 6-107 所示。

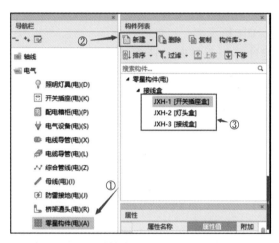

图 6-107　创建接线盒、灯头盒和开关插座盒

操作 2：单击功能区 生成接线盒 图标按钮，在"选择要识别成的构件"中双击选中"JXH-1"开关插座盒（图 6-108）。在弹出的"生成接线盒"对话框中，逐层选中各楼层需要设置盒子的开关插座构件，如图 6-109 所示。单击 确定 图标按钮，软件会自动在对应的开关插座位置生成对应构件。

图 6-108　双击"开关插座盒"

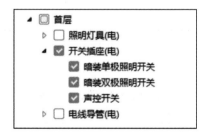

图 6-109　逐层选中"开关插座"构件

操作 3：参照操作 2 的方法，在"选择要识别成的构件"中双击选中"JXH-2"灯头盒，再逐层选中各楼层需要设置盒子的"照明灯具"构件，如图 6-110 所示。单击 确定 图标按

钮，软件会自动在对应的灯具位置生成对应构件。

操作4：在"选择要识别成的构件"中双击选中"JXH-3"接线盒，再逐层选中各楼层的"电线导管"构件，如图6-111所示。单击 确定 图标按钮，软件会自动在对应的电线导管位置生成对应构件。

图 6-110 逐层选中"照明灯具"构件

图 6-111 逐层选中"电线导管"构件

接线盒、灯头盒和开关插座盒的建模

完成之前的各项建模操作后，本实例图纸中配电配线工程就完成了建模工作。

6.25 防雷接地工程建模的一般流程

绝大部分人造建筑物都需要考虑防雷接地设置，它是建筑电气工程中的重要组成部分。防雷接地设置的作用是当建筑物遭遇雷击时，通过避雷针等接闪器，将雷电通过避雷带，经避雷引下线，引入大地或埋入地底的其它接地装置，同时室内还会设置等电位装置来实现户内防雷等电位连接。

防雷接地工程建模的一般流程如图6-112所示。

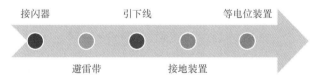

图 6-112 防雷接地工程建模的一般流程

6.26 避雷针工程量计算——表格模式录入工程量

本实例工程的屋顶防雷平面图中，并没有用对应的图例符号来表示避雷针布置位置，而是在该图中用文字说明表示避雷针设置的要求和数量，如图6-113所示。

8. 所有出顶的排水管均加设避雷针，共计26处，平面图中不再表示。

图 6-113 图纸中关于避雷针的说明

由于缺少出屋顶排水管的位置资料，因此，无法在平面图中完成避雷针建模。但软件提供了"表格输入"的方式，通过手动处理，来保证文件工程量的完整性，具体操作如下。

操作1：切换楼层至"屋顶层"，在构件导航栏中单击"防雷接地"构件类型，切换功能区按钮。

操作2：单击"工程量"选项卡，再单击"表格输入"图标按钮（图6-114），启用该功能，绘图区域下方出现"表格输入"界面。

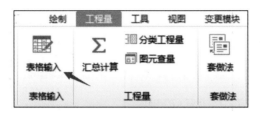

图6-114　单击"表格输入"图标按钮

操作3：在"表格输入"界面中，单击 ⊞ 添加 图标按钮，在展开的构件列表中，单击"防雷接地"，最后手动输入修改"名称"和"手工量表达式"单元格即可，如图6-115所示。

图6-115　完成避雷针"表格输入"信息

这样，虽然没有建模，但软件仍可将避雷针的数量计入对应工程量中，如图6-116所示。

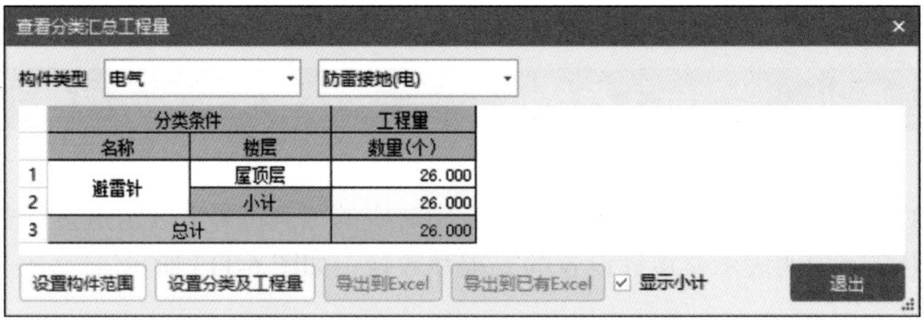

图6-116　"分类汇总工程量"中的避雷针

此外，进行过"表格输入"的构件类型，在导航栏中，会用★来标出，如图6-117所示。

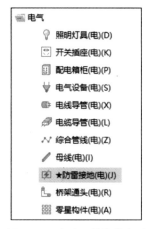

图 6-117　标有★的构件类型

表格模式录入工程量

6.27　创建防雷接地构件的注意事项

本节将处理避雷带及其它构件。防雷接地的"构件列表"中，编辑按钮均为灰色显示，表示不可使用（图 6-118），无法按照以往的方法进行构件的新建和其它编辑，其具体操作如下。

操作：单击"防雷接地"图标按钮（图 6-119），弹出"识别防雷接地"对话框（图 6-120），并在构件列表自动创建对应构件。

图 6-118　编辑按钮不可使用

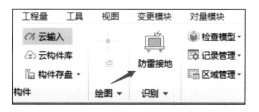

图 6-119　单击"防雷接地"

防雷接地工程的类型非常单一，如图 6-120 所示的"构件类型"中，几乎涵盖了民用建筑工程所有常见的防雷接地构件。因此，软件使用这样的方式来实现构件的新建等其它编辑操作。此外，该对话框中不同的"构件类型"，其上方的功能按钮都有差异，如图 6-121 和图 6-122 所示，而功能区并无其它可以进行建模的功能操作，因此，软件并不通过构件列表的编辑按钮来编辑构件。利用"识别防雷接地"对话框中对应的构件及其功能按钮即可实现防雷接地工程的建模操作。

创建防雷接地构件的注意事项

图 6-120 "识别防雷接地"对话框

	构件类型	构件名称	材质	规格型号	起点标高(m)	终点标高(m)
1	避雷针	避雷针	热镀锌钢管		层底标高	
2	避雷网	避雷网	圆钢	10	层底标高	层底标高
3	避雷网支架	支架	圆钢			
4	避雷引下线	避雷引下线	扁钢	40*4	层底标高	层底标高

图 6-121 单击"避雷网"后显示的功能按钮

	构件类型	构件名称	材质	规格型号	起点标高(m)	终点标高(m)
1	避雷针	避雷针	热镀锌钢管		层底标高	
2	避雷网	避雷网	圆钢	10	层底标高	层底标高
3	避雷网支架	支架	圆钢			
4	避雷引下线	避雷引下线	扁钢	40*4	层底标高	层底标高

图 6-122 单击"避雷引下线"后显示的功能按钮

6.28 避雷带构件建模

根据图纸，本工程的第 7 层只有轴线Ⓐ～Ⓑ/轴线①～⑭之间的区域存在屋顶，其它区域均为开放的露台。因此，在为房屋敷设避雷带时，需要考虑高差结构带来的敷设细节因素，如图 6-123 所示，从而形成完整的避雷带系统防护。

此外，屋顶避雷带还需要做网格处理（图 6-124），并在屋顶层中，将 25×4 热镀锌扁钢敷设在防水层，如图 6-125 所示。

利用以上信息，就可以进行防雷带的建模操作。在"识别防雷接地"对话框中可通过使用图 6-121 的对应功能和输入对应的标高完成建模操作，其操作方法主要使用绘制直线和布置立管来完成，读者可直接参看对应的视频操作，这里不再进行文字说明。

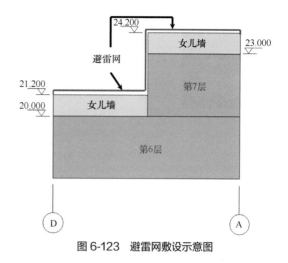

图 6-123　避雷网敷设示意图

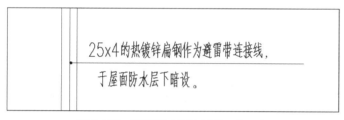

图 6-124　实例图纸关于避雷带网格的说明

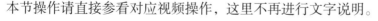

图 6-125　屋顶防雷平面图中的具体要求

避雷带构件的建模

6.29　避雷引下线建模

在对"避雷引下线"进行建模时，需要注意，由于轴线Ⓐ～Ⓓ之间存在高差，而使用"识别引下线"功能时无法选定范围进行识别，直接进行建模形成构件又无法一次性解决高差的问题，因此，建模前还应利用"隐藏 CAD 图线"功能针对性隐藏，再进行建模处理，以免出错。

本节操作请直接参看对应视频操作，这里不再进行文字说明。

避雷引下线的建模

6.30　余下防雷接地构件建模

完成避雷引下线后，防雷接地系统、接地装置以及等电位装置的建模操作方法与之前介绍的同类型构件大体类似，请直接参看对应视频操作。

余下防雷接地构件的建模

第七章 通风工程建模

7.1 通风工程的算量特点

通风工程的算量重点和难点在于管道。通风工程往往具备下列特点：风管部件（风口、风阀等）数量多、风管尺寸变化频繁、风管接头多、风机等通风设备参数复杂。

针对通风工程的特点，需要对下列内容进行建模：风机及其它设备，风管，风管接头，风口、风阀等风管部件，其它零星构件。

7.2 实例图纸情况分析

本章采用的实例是一所学校的实验综合楼，其楼层信息见表 7-1。

表 7-1　通风工程楼层信息情况表

楼层序号	层高 /m	室内地面标高 /m
负 1 层	5.4	− 5.4
首层	5.4	0
第 2 层	4.5	5.4
第 3 层	4.5	9.9
第 4 层	4.5	14.4
第 5 层	4.5	18.9
屋顶层	—	23.4

除了封面和目录外，该实例的图纸有设备材料表、设计施工说明、A 栋负一层消防通风平面图、A 栋一层消防通风平面图、A 栋二层消防通风平面图、A 栋屋面设备布置图，设计范围为实验综合楼的通风工程。通风管采用镀锌薄钢板，风管壁厚参照《通风与空调工程施工质量验收规范》（GB 50243—2016）（表 7-2），各类送、排风机的进、出口柔性连接管均须采用硅玻钛金防火软管。

表 7-2　钢板风管板材厚度

风管直径或长边尺寸 b/mm	板材厚度 /mm				
	微压、低压系统风管	中压系统风管		高压系统风管	除尘系统风管
		圆　形	矩　形		
$b \leqslant 320$	0.5	0.5	0.5	0.75	2.0
$320 < b \leqslant 450$	0.5	0.6	0.6	0.75	2.0
$450 < b \leqslant 630$	0.6	0.75	0.75	1.0	3.0
$630 < b \leqslant 1000$	0.75	0.75	0.75	1.0	4.0
$1000 < b \leqslant 1500$	1.0	1.0	1.0	1.2	5.0
$1500 < b \leqslant 2000$	1.0	1.2	1.2	1.5	按设计要求
$2000 < b \leqslant 4000$	1.2	按设计要求	1.2	按设计要求	按设计要求

注：1. 螺旋风管的钢板厚度可按圆形风管减少 10%~15%。
　　2. 排烟系统风管钢板厚度可按高压系统。
　　3. 不适用于地下人防与防火隔墙的预埋管。

7.3　通风工程算量前的操作流程

7.3.1　新建工程

通风工程"新建工程"的设置要求如图 7-1 所示。

图 7-1　通风工程"新建工程"对话框

7.3.2　工程设置

1. 楼层设置

参照之前楼层设置的方法，结合表 7-1，不难完成该实例工程的楼层设置。楼层设置的最终效果如图 7-2 所示。

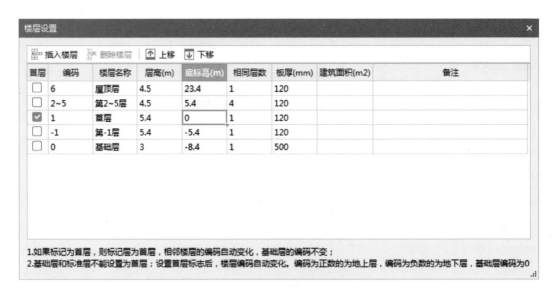

图 7-2　通风工程楼层设置最终效果

2. 其它设置

本工程风管厚度严格参照《通风与空调工程施工质量验收规范》（GB 50243—2016）执行，软件已将该规范内置，无须额外设置。

实际工程中，会出现设计并不参照 GB 50243—2016 的情况，这时，可通过单击"其它设置"图标按钮（图 7-3），在"风管材质厚度设置"对话框进行相应调整，如图 7-4 所示。

图 7-3　单击"其它设置"图标按钮

图 7-4　风管材质厚度设置

3. 计算设置

单击图 7-3 中的 ⟨计算设置⟩ 图标按钮，在"计算设置"对话框中，调整"是否计算风管末端封堵"为"是"，并将"是否计算弯头导流叶片"调整为"否"，完成设置，如图 7-5 所示。

通风工程的
工程设置

图 7-5　调整"计算设置"

这里需要说明的是，在实际工程中，由于制作风管的钢板消耗率较大（一般超过 10%），有时也不会对风管末端封堵额外计算；而当设计不作严格要求时，导流叶片可不考虑在本次建模中。

7.3.3　导入图纸及其它操作

参照之前的方法，将通风工程实例图纸导入，完成分割定位和校验比例尺等后续操作即可。

需要注意的是，根据各楼层图纸的轴线情况，定位点的选取应予以调整，这里选择轴线②和轴线Ⓑ的交点作为图纸的定位点。最终分割定位完毕的"图纸管理"界面如图 7-6 所示。

另外，还需将设备材料表单独导出，方便后续使用。

图纸管理

	图纸名称	比例	楼层	楼层编号
1	⊟ 通风工程实例图纸_t3.dwg			
2	└⊟ 模型	1:1	首层	
3	负一层消防通风平面图	1:1	第-1层	-1.1
4	一层消防通风平面图	1:1	首层	1.1
5	二至五层消防通风平面图	1:1	第2~5层	2~5.1
6	屋面设备布置图	1:1	屋顶层	6.1

图 7-6　分割定位完毕的"图纸管理"界面

7.4 通风工程建模的一般流程

根据通风工程的算量特点，构件的创建顺序如图7-7所示。为方便建模，应从最底层，即负一层开始逐层向上完成建模操作。

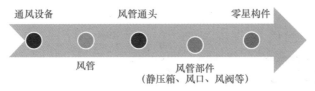

图 7-7 通风工程构件的建模顺序

7.5 通风设备新建——提属性

本实例工程可通过"识别材料表"来实现构件的新建。需要注意的是，由于实例图纸中，设备材料表是按风机的大类进行划分的，且风量等参数由于存在格式差异等原因，使用材料表识别完成的效果并不理想（图7-8），因此需要进行二次修改来完成构件的建模。

1			
2	1	节能型混流风机	HL3-2A-No.4.5
3			转速:|风量:|1450r|6569m|/3|min/|/h|功率:|全压:
4			HL3-2A-No.7
5			风量:|转速:|12278m|720r|/min|3|/h|全压:|功率:
6			HL3-2A-No.9
7			风量:|转速:|35836m|960r|/min|3|/h|全压:|功率:
8	2	消防通风两用轴流|风|机	SCF-A-No.7

图 7-8 识别通风工程材料表的效果

这里可利用软件自带的"提属性"功能配合"识别材料表"操作（图7-9），辅助完成通风设备的构件新建操作，一定程度上减轻人工手动录入的工作量。具体操作方法读者可通过查看视频来学习。

通风设备的构件新建注意事项

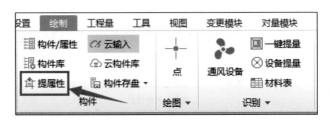

图 7-9 "提属性"功能

7.6　通风设备建模

由于风机等通风设备图例大体相同，通常是添加设备参数的文字标示加以区分，因此，如果直接使用"设备提量"的方法来完成，其建模效率会非常低下，软件提供了"通风设备"功能用以解决这样的问题（图 7-10），其操作方法与之前配电配线工程对配电箱建模的操作方法基本相同，读者可查看对应的操作视频，这里不再进行文字说明。

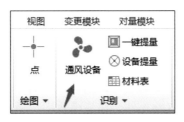

图 7-10　风机设备识别——"通风设备"

通风设备的建模操作

7.7　通风管道建模

7.7.1　风管标注合并

通风工程设计图纸中，风管尺寸标注通常会用到 2~3 个文本框进行标示，如图 7-11 所示。这样的表达方式不利于软件识别建模，因此，在对通风管道建模之前，需要对风管尺寸标注进行合并处理，具体操作如下。

操作：单击" CAD 编辑"展开按钮，再单击 风管标注合并 图标按钮（图 7-12），弹出提示框，即图纸中风管标注就完成了合并，如图 7-13 所示。

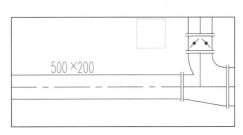

图 7-11　风管的 CAD 标注特点

图 7-12　单击"风管标注合并"图标按钮

图 7-13　风管标注完成提示框

风管标注合并

7.7.2 风管建模

平面操作中，软件提供了通风管道的三种识别建模方法和一种绘图方法，分别为"自动识别""选择识别""系统编号"，以及"直线"绘图方法，如图 7-14 所示。

风管建模的方法

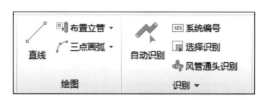

图 7-14 风管建模的方法

用"直线"绘图方法建模非常低效，只在个别情况下使用，其操作方式与本书前文的工程大致相同，这里不再说明。风管的建模主要通过"识别"建模的方法来完成。这三种建模方法，都能完成风管的建模，除操作细节有差异外，在建模效率、适用范围和缺点上都有较大的不同，详见表 7-3。

表 7-3　风管识别建模方法的区别

风管识别建模方法	建模效率	适　用　范　围	缺　　点
系统编号	很低	严格区分通风系统的情况	每次识别操作只能完成一段风管，效率比较低
选择识别	一般	处理零星构件时	对于构件属性细节处理工作量较大
自动识别	最高	适合同一系统内标高相同或差异不大的情况	非相同标高情况，后期调整工作量较大

读者可查看对应的视频说明，了解和掌握这三种风管方法，这样，便不难把本工程涉及的风管建模操作全部完成。

7.8　风管通头建模

在构件导航栏中单击"通风管道"，利用软件提供的"风管通头识别"功能（图 7-15），可快速处理风管通头。该操作比较简单，读者可直接查看对应的操作视频。

图 7-15　风管通头识别

该方法处理的通头，在个别位置会出现错误，需要单独调整，如图 7-16 所示。选中出现错误的构件，删除后该通头位置出现风管重叠，而左边一段风管又出现较大空隙，如

图 7-17 所示。这样的情况下使用"风管通头识别"的方法是无法形成三向通头的，因此，还需要用到别的方法进行处理。具体操作方法，读者可自行查看对应的操作视频。

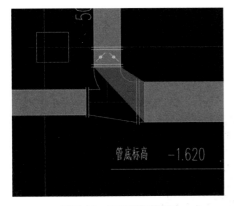

图 7-16　出现错误的通头

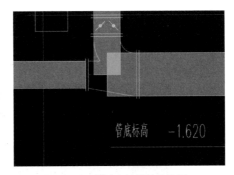

图 7-17　删除风管通头的效果

风管通头的建模

7.9　风管部件建模

风管部件的建模处理前提是该位置存有风管构件，这与水管系统中处理阀门及管道附件时的原则是一致的。因此，若出现风管部件无法建模，应先检查该位置是否已完成风管的建模操作。

本工程处理这类构件的操作方法主要是使用"设备提量"的方法来操作。但在风口的处理操作中，仍需要注意个别细节问题。

7.9.1　风口立管的快速处理——风口识别

软件除"设备提量"外，针对风口构件，还可通过单击 [风口] 图标按钮的方法来识别，如图 7-18 所示。其操作方法和使用界面与使用"设备提量"的操作相同，但在识别框中额外增加了"竖向风管设置"这一项（图 7-19），用于自动生成风口与风管存在高差时需要连接立管的情况。此外，还可根据调整该立管的材质，减少单独处理的时间。

图 7-18　风管部件的识别方法

图 7-19　竖向风管设置

风口识别

由于本实例工程中，并未单独标示风口与水平风管存在高差，因此，本实例工程的风口建模处理，请直接使用"设备提量"方法，按照风口直接安装于水平风管底部来处理即可。读者在实际工程中需要处理该连接立管时，可参照上述方法来完成。

7.9.2　侧风口

实例图纸中，除了在水平风管装有风口外，在风管的侧面也装有风口。这样的风口，软件将其归类为"侧风口"，如图 7-20 所示。

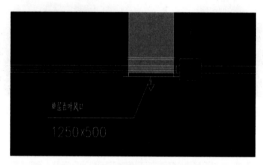

图 7-20　实例工程中的侧风口

侧风口构件的建模同样使用"设备提量"的方法，在新建构件时，需要将类型调整为"侧风口"，否则无法完成识别建模，如图 7-21 所示。

图 7-21　新建侧风口

侧风口识别

掌握了这些内容，便不难完成风管部件的建模操作。

7.10　通风工程零星构件处理

与水系统管道工程处理相同，通风工程的零星构件主要也是穿墙、楼板的套管构件，但本实例工程并没有该设计要求，因此，无须处理套管。

实例图纸设计了安装在墙体的百叶风口，如图 7-22 所示。由于这些位置没有风管，因此无法利用"风管部件"的建模方法完成建模。为保证建模构件不漏项，可单击构件导航栏中的"通风设备"构件，在通风设备中新建对应的风口构件，如图 7-23 所示，再利用"设备提量"来完成安装在墙体的风口构件的建模。

图 7-22　安装在墙体的百叶风口

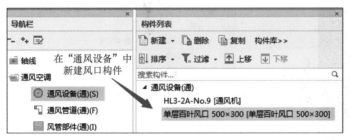

图 7-23　"通风设备"中新建风口

通风工程零星构件处理

7.11　通风工程建模注意事项

7.11.1　风管通头的效果与工程量的关系

使用 GQI 软件完成通风管道的建模后，多处风管通头位置与原始 CAD 图存在差异，如图 7-24 所示。

a) CAD 图效果　　　　b) GQI 建模效果

图 7-24　风管通头 CAD 图效果与 GQI 建模效果

风管通头效果与工程量

使用"图元查量"功能检查通头两侧的风管长度，可以发现，风管长度是以管道中心交接点为分界点来计算的，这与计算规则中计算风管长度的方法是一样的。因此，尽管软件在风管通头的表现形式略有差异，但并不影响风管工程量的计算。遵循这样的原则，若建模仅仅是为快速算量，则在风管通头处，保证中点延长线交点准确即可。

7.11.2　设备连接软接头

风管与设备连接时，软件会自动生成软接头，如图 7-25 所示。软件默认采用帆布材质，每处长度为 200mm，如图 7-26 所示。如需调整材质或软接头长度，可单击该处的风管构件，并在其属性编辑器中，对如图 7-26 所示的属性栏内容进行对应修改。本实例工程的软接头材质应调整为"硅玻钛金防火软管"，如图 7-27 所示。

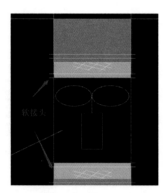

图 7-25　风管与设备连接处生成的软接头

图 7-26　软接头默认属性

风管软接头调整

图 7-27　实例工程中的软接头材质

按照上述各项操作方法，并留意一些注意事项，就可完成本工程的建模操作。

第八章 简约模式

自 GQI2018 开始，该系列软件推出了简约模式。与经典模式相比，简约模式省去了一些操作流程，非常适合只为快速算量的小型简单工程。

8.1 简约模式的进入方式

在"新建工程"对话框中，"算量模式"选择"简约模式"，如图 8-1 所示，单击 创建工程 图标按钮，即可进入简约模式进行后续操作。

图 8-1 简约模式进入方式

需要注意的是，一旦确认了算量模式并创建了工程，后面将无法更改算量模式，即已设为"简约模式"的工程无法修改为"经典模式"，同样，已设为"经典模式"的工程也无法修改为"简约模式"。

8.2 简约模式操作流程

相比经典模式，简约模式进行了一定程度的简化，但其操作流程与经典模式大体相同，如图 8-2 所示。

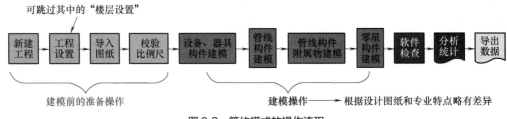

图 8-2　简约模式的操作流程

由图 8-2 可以发现，为了快速算量，在操作流程中，简约模式省略了"分割和定位图纸"操作；而由于在楼层设置中引入了"工作面层"这一新的设置（图 8-3），在不需要将模型构件进行对应楼层分配时，甚至不需要进行楼层设置，一定程度上节约了时间，提高了建模效率。

简约模式
操作流程

图 8-3　楼层设置中的"工作面层"

读者可直接查看对应的操作视频，学习和了解简约模式的操作流程。

8.3　简约模式注意事项

在每个功能使用时的操作细节上，简约模式与经典模式并无区别。但简约模式在功能界面区进行了较大程度的调整，这里以消防工程专业为例进行说明，如图 8-4 和图 8-5 所示。

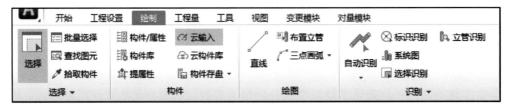

图 8-4　"经典模式"单击导航栏"管道"构件的功能区界面

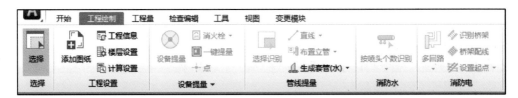

图 8-5　"简约模式"单击导航栏"管道"构件的功能区界面

由图 8-4 和图 8-5 可以发现，简约模式简化和调整了经典模式多个选项卡的设置内容，比如，删除了"工程设置"选项卡，并把该部分内容移入新选项卡"工程绘制"中。此外，"经典模式"功能区还集合了"设备提量""按喷头个数识别"等在经典模式下不同构件的功能。

此外，在简约模式下，无论在构件导航栏中单击哪一种类型的构件，其上方的功能区界面和功能均不会发生变化。

"简约模式"的功能集成化和界面简化调整，能较大程度满足建模算量的要求，但也由于这些原因，部分功能无法启用或者启用非常麻烦，因此，"简约模式"不适合大中型工程和建模细节要求精细的项目。本书仍推荐读者在进行 BIM 建模时，采用"经典模式"来完成。

简约模式的注意事项

第九章 GQI2019/2021 优化和新增功能

2019—2020 年，广联达相继推出了 GQI2019 和 GQI2021 版本，为了能更好地满足用户的需求，新版本优化和新增了一些功能，本章将结合实际情况，对这些内容进行介绍说明。此后更新版本的功能介绍和内容学习也将在后续的二维码视频中进行添加。

9.1　功能搜索

GQI 系列软件采用的是 Ribbon 界面，这样的界面把太多的功能折叠或隐藏在某些特定区域里，这对于用户并不十分友好。GQI2019 适时推出了"搜索"功能，旨在希望用户能够通过简单的关键词，找到所需功能。该功能可在 GQI2019 软件界面右上方找到，如图 9-1 所示。使用该功能的具体操作如下。

操作：在搜索栏中输入所要查找的功能名称的全部名字或关键词（关键词通常需要进行二次选择），按〈Enter〉键，完成搜索。这样，软件界面就会快速切换，并将对应的功能按钮用红色线框表示。

图 9-1　"搜索"功能

功能搜索

> **温馨提示：**
> 　　该功能的使用需要用户对软件的功能和操作有一定程度的认识，否则，会因搜索范围过大，导致无法使用。

9.2　绘图建模优化和新增功能

GQI2019 在管线构件的绘图建模操作功能包中，优化和新增了部分功能。如图 9-2 所示，"多管绘制"为新增功能。

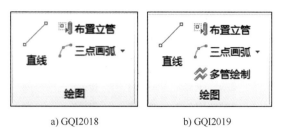

a) GQI2018　　　　　　b) GQI2019

图 9-2　绘图建模新增功能

9.2.1　直线绘制功能优化

直线绘制中，增加了扣立管内容设置，如图 9-3 所示，改善了直线绘制的适用范围，一定程度上提高了该功能的使用频率。

图 9-3　GQI2019"直线绘制"对话框

直线绘制功能优化

9.2.2　布置立管功能优化

GQI2019 新增了"布置变径立管"选项，如图 9-4 所示，使得在布置立管的操作过程中可以增加变径管，一次操作就可完成一段立管所有管径的变化操作，如图 9-5 所示。

图 9-4　GQI2019/2021
立管布置界面

图 9-5　变径立管详细设置

立管功能优化

9.2.3　新增功能——多管绘制

新增功能——多管绘制，用于改善管道敷设路径相同，且多根管道同时布置的情况。将管道间距和标高设置完毕后，一次操作即可完成多根管道构件的布置，如图 9-6 所示。

图 9-6　多管绘制的操作

9.3　工程量清单做法套用优化

GQI2019 在"套用做法"上做了大量优化。

9.3.1　优化"自动套用清单"匹配规则

在以往版本中，软件使用"自动套用清单"匹配率较差，经常会出现无法匹配的情况，如图 9-7 所示。

对 GQI2019，在保证构件信息录入足够完整的情况下，使用该功能可以快速完成"自动套用清单"及"匹配项目特征"的工作，如图 9-8 所示。

图 9-7　无法匹配套用清单

		编码	类别	名称	项目特征	表达式	单位	工程量	备注
1	◆	□ 给水用PP-R De32 热熔连接 安装部位<空>					m	2.025	
2		031001006001	项	塑料管	1. 材质、规格: 给水用PP-R De32 2. 连接形式: 热熔连接	CD+CGCD	m	2.025	
3	◆	□ 给水用PP-R De40 热熔连接 安装部位<空>					m	2.132	
4		031001006002	项	塑料管	1. 材质、规格: 给水用PP-R De40 2. 连接形式: 热熔连接	CD+CGCD	m	2.132	
5	◆	□ 给水用PP-R De50 热熔连接 安装部位<空>					m	2.239	
6		031001006003	项	塑料管	1. 材质、规格: 给水用PP-R De50 2. 连接形式: 热熔连接	CD+CGCD	m	2.239	
7	◇	弯头 塑料 DE32*DE32					个	1.000	
8	◇	弯头 塑料 DE40*DE40					个	1.000	
9	◇	弯头 塑料 DE50*DE50					个	1.000	

图 9-8　完成"自动套用清单"和"匹配项目特征"

9.3.2　整合清单指引窗口

完成"自动套用清单"后，仍需要进行后续检查，这就需要用到对应的查询功能。GQI2019 将"查询清单指引""查询清单"和"查询定额"功能窗口（图 9-9）进行了整合，保证在不关闭窗口的情况下，方便在这三类窗口间互相查阅。

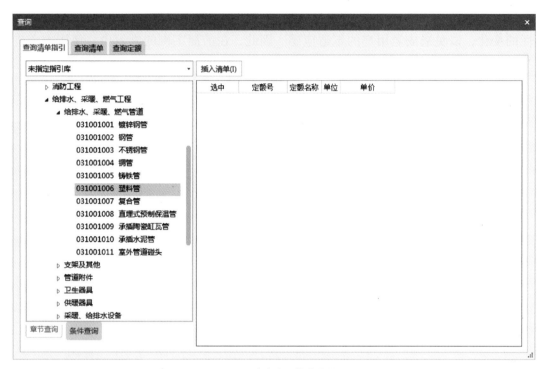

图 9-9　查询窗口整合优化

此外，使用对应的查询功能时，GQI2019 还优化了对应的目录定位功能，快速定位到该项目清单所在的分部分项工程清单中。这一点，是以往版本无法实现的。

除了上述介绍的功能外，在 GQI2019 的基础上，GQI2021 又对部分功能进行了优化，同时也新增了几个功能，详见二维码视频。

工程量清单做法
套用优化

GQI2021 新增功能 1：
实体云模型库

GQI2021 新增功能 2：
支架模型及布置

GQI2021 新增功能 3：
穿梁套管

GQI2021 新增功
能 4：配电系统树

GQI2021 新增功能 5：
设备表

GQI2021 优化功能 1：
一键识别

GQI2021 优化功能 2：
桥架配线

GQI2021 优化
功能 3：其它

9.4 其它说明

除上述内容外，GQI2019/2021 还新增了一些新规范和新要求的内容匹配，但无论是操作流程，还是绝大部分功能的细节操作，它们都与 GQI2018 相同。

新版本的推出，旨在改善用户的使用感受，提高建模效率，并未在操作上进行根本性的变化，以免造成老用户的不适应感。因此，在前面案例的学习中，使用本书进行 GQI2019/2021 的学习，也应是毫无障碍的。

参考文献

［1］欧阳焜. 广联达 BIM 安装算量软件应用教程［M］. 北京：机械工业出版社，2016.